中华经典藏书

跟李世民学包容

丁艳丽 ◎著

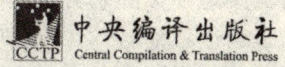

图书在版编目(CIP)数据

　　跟李世民学包容 / 丁艳丽著. -- 北京：中央编译出版社，2015.1
　　ISBN 978-7-5117-2396-3

　　Ⅰ. ①跟… Ⅱ. ①丁… Ⅲ. ①人生哲学–通俗读物 Ⅳ. ①B821-49

　　中国版本图书馆CIP数据核字(2014)第260083号

跟李世民学包容

出 版 人：刘明清
出版统筹：董　巍
策划编辑：黄海明
责任编辑：霍星辰
责任印制：尹　珺
出版发行：中央编译出版社
地　　址：北京市西城区车公庄大街乙5号鸿儒大厦B座(100044)
电　　话：(010)52612345(总编室)　　(010)52612313(编辑室)
　　　　　(010)52612316(发行部)　　(010)52612317(网络销售)
　　　　　(010)52612346(馆配部)　　(010)66509618(读者服务部)
传　　真：(010)66515838
经　　销：全国新华书店
印　　刷：北京高岭印刷有限公司
开　　本：710毫米×1000毫米　1/16
字　　数：157千字
印　　张：15
版　　次：2015年1月第1版第1次印刷
定　　价：36.00元

网　　址：www.cctphome.com　　邮　　箱：cctp@cctphome.com
新浪微博：@中央编译出版社　　微　　信：中央编译出版社(ID：cctphome)
淘宝店铺：中央编译出版社直销店(http://shop108367160.taobao.com)

本社常年法律顾问：北京市吴栾赵阎律师事务所律师　闫军　梁勤
凡有印装质量问题，本社负责调换。电话：010-66509618

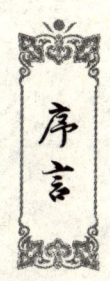

序言

在长达1300年的中国封建王朝中,曾有这么一个人,当他与一个时代不期而遇时,这个时代因他而登上历史的巅峰。他结束了从东汉后期开始的长达四百多年的混战,在他统治的23年中,中国社会达到了一个前所未有的高度,而且越往后人们越望之弥高,无法超越。这23年成为了中国历史上的一个标杆,成为了我们的一个民族情结。他就是开启贞观之治的明君雄主——唐太宗李世民。

每位帝王都会开创一段历史,而唐太宗李世民则创造了帝王中的传奇。他身为次子但精通隐忍之道,在韬光养晦中运筹帷幄,最终夺得帝位。他深知"后退一步,海阔天空"的道理,才成就了后来的霸业。登上帝王之位的李世民开明圣听、以人为镜,他是世界历史上的一位拥有民本思想的皇帝,他是封建时期难得一遇的可以假以颜色、俯首听谏的皇帝。

在李世民开创的贞观盛世中,他爱惜人才,为了招揽贤人能士,他可以捐嫌弃怨、既往不咎;他是历史上一位懂得让臣下们扬长避短、选才任用的皇帝;他以海纳百川的心胸,建立起历史上最早、最大、民族成分最为复杂的多民族的大一统王朝。他的许多思想和施政理念仍对后世有着很好的借鉴作用。

读一本好书就是心灵的一次旅行,与伟人同行必定会带来心灵的震撼和洗涤。本书从不同的视角为读者讲述了李世民不拘一格的用人之道、从善如流的纳谏风格,以及海纳百川的明君风范。向唐太宗李世民学习包容之心,你就会发现在他身上展现出的无数闪闪发光的为人之道,也会让你重新审视自己、调整自己,让自己不断地进步!

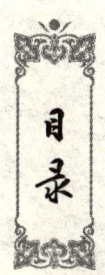

目录

第一章　跟李世民学用人
　　——各尽其用，不拘一格 ················· 1

　　唐太宗李世民不仅是唐代最有作为的君主，也是中国历史上最英明的皇帝之一。他在位期间出现了著名的"贞观之治"的盛世局面。究其出现的原因，与唐太宗善于识人、用人密切相关。

一、用人不问出处 ························· 1
二、不拘一格取人才 ······················· 7
三、尺有所长，寸有所短 ··················· 12
四、人力资源大整合 ······················· 18
五、赚得英雄白头 ························· 23

第二章　跟李世民学纳谏
　　——广开言路，从善如流 ················ 28

　　自古以来忠言多逆耳，但是能够学会纳谏，是一位贤明君主所为。唐太宗李世民是一位贤明的君主，他为了国家的长治久安，虚心听谏，更是放低自己的高度去劝谏大臣们可以集思广益。正是因为李世民放弃享受安逸奢华，只为做一个明君，才让李氏的江山代代相传；正是因为李世民的虚心纳谏、广开言路，才有了前所未有的贞观盛世。

一、为得直言进谏弃威严 …………………………… 29
二、俯首听群臣进言 ………………………………… 33
三、对如流之谏心有大智 …………………………… 39
四、不计态度,虚己纳言 …………………………… 44
五、从谏如流招来直言纳谏 ………………………… 49
六、诚心换忠谏 ……………………………………… 55

第三章 跟李世民学隐忍
——韬光养晦,潜伏爪牙 …………………………… 61

古语有云:忍字头上一把刀。能够做到隐忍,需要承受很多的痛苦,付出更多的努力。唐太宗李世民深知忍字中所蕴藏的奥秘,才学会了韬光养晦,为李唐江山的长治久安打下严实的基础,为其"一代明君"美名的流芳百世提供了前提。

一、忍一时之低,为日后夺位奠基 ………………… 62
二、忍一时信良臣,得贤人辅佐 …………………… 67
三、忍一时之痛,选立良储 ………………………… 74
四、忍一时之快,建千秋基业 ……………………… 80

第四章 跟李世民学让步
——后退一步,海阔天空 …………………………… 86

后退一步便可以海阔天空,谁又能真正做到呢?唐太宗李世民就做到了。身为九五至尊的帝王,为了富国强民,为了自己的江山的长治久安,他可以做到随时让步。

一、以礼改葬兄弟,树仁义形象 …………………… 87

二、让步于民,才可得繁荣之邦 …………………… 92

三、让步于敌,获得安定之邦 ……………………… 96

四、让步于民,民富则国强 ………………………… 103

五、让步于轻徭薄赋 ………………………………… 110

六、让步于去奢省费 ………………………………… 115

第五章 跟李世民学宽恕
——捐嫌弃怨,既往不咎 …………………… 121

作为一国之主,一朝之君王,如若能够做到胸襟宽广,做到捐嫌弃怨、既往不咎,定能成为一宽仁之主,能够施以仁政,让百姓得以安居乐业;也会有宽恕之心,迎来众多能人贤士为其鞠躬尽瘁,死而后已。

一、捐嫌弃怨,让政敌为己所用 …………………… 122

二、用诚挚之心,揽得力将帅 ……………………… 127

三、巧妙用计,宽恕贤人能士 ……………………… 133

四、宽容大度爱臣下 ………………………………… 139

五、不计前嫌,以女嫁之 …………………………… 145

六、不计前嫌,收他人坐下客 ……………………… 151

七、用宽平之举稳社稷 ……………………………… 155

八、以宽仁之法待犯者 ……………………………… 159

第六章　跟李世民学合作

——互补互助，大度能赢 …………………… 164

有语曰：单丝不成线，独木不成林。再英明能干的君主，也需要许多能臣贤士的辅佐。只有学会合作，懂得互补互助的道理，才可以越行越远。唐太宗李世民懂得合作的真谛，才成就了他的贞观盛世。

一、远近相持，得长久基业 …………………… 165
二、君臣相补得明政 …………………… 171
三、整合、规范获太平 …………………… 177
四、兵农合一保国安 …………………… 183
五、官官相辅 …………………… 189

第七章　跟李世民学器度

——海纳百川，兼容并包 …………………… 194

海纳百川，有容乃大。唐太宗李世民深刻认识到了器度的寓意，他明白如何去海纳百川、兼容并包，所以他容天下忠良之士，容四方的少数民族，从而成就了他的盛世王朝。

一、容天下忠臣 …………………… 195
二、容谏臣直言相告 …………………… 201
三、容纳多族一家亲 …………………… 206
四、海纳百川 …………………… 212
五、以海纳百川之表意破敌 …………………… 219
六、宽容大度容纳少数民族 …………………… 224

第一章

跟李世民学用人

——各尽其用,不拘一格

唐太宗李世民不仅是唐代最有作为的君主,也是中国历史上最英明的皇帝之一。他在位期间出现了著名的"贞观之治"的盛世局面。究其出现的原因,与唐太宗善于识人、用人密切相关。

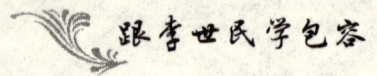

一、用人不问出处

"三顾频烦天下计,两朝开济老臣心",诸葛亮躬耕于垄亩,闲唱《梁父吟》,蜗居草庐之中,却难掩他的才华横溢;刘邦曾经是街头地痞,区区的十里亭长,既无文韬也无武略,却能够在顷刻间成为天下的主人、汉室的帝王;韩信昔日忍辱胯下,出身市井之中,授食于漂母,却成为汉王的宠臣,居一人之下,万人之上。他们虽出身低微,却全都是历史长河中难以磨灭的印记,是历经千万年淘洗、沉积而留下的斑斑黄金,更是千古难遇的英雄与人才。人才与出身,本就没有必然的渊源。

李世民对待人才都是从不拒绝的,即使是敌对集团的人才,只要他有才能,李世民都能做到不计前嫌,对其竭诚招揽。李世民部下的许多谋士大将,都是从他的敌人那里招募来的。李密、王世充、窦建德、刘武周他们都曾经是李世民的死对头,但是这些死对头的部下秦叔宝、程咬金、尉迟敬德、张玄素等人,最后都成为了李世民的爱将。太子李建成曾经试图诛杀李世民,李世民在无奈之下发动"玄武门事变",将李建成、李元吉杀死了,但是李建成、李元吉的幕僚中有些才能突出的,如魏征等人却得到了李世民的重用。李世民在论功行赏的时候从不偏私,来自敌对阵营的尉迟敬德由于功劳大,李世民把他排在凌烟阁功臣中的第七位,比自己的亲信将领的位置还要高些。重用自己的亲信为阳,从而不计前嫌,招降纳叛;重用对手的旧部则称之为阴。

卫公李靖在李世民的凌烟阁中位列第八,他曾经试图揭发李渊谋反,因此差点被李渊处死,但在关键时刻,为李世民所救。后来他戴罪立功,帮助李孝恭经营巴蜀、灭萧铣、辅公祐,又被李渊评价为"萧、辅之膏肓"。

第一章　跟李世民学用人——各尽其用，不拘一格

李靖的一生，立下无数军功，在大堂群雄之中，李靖的军事才能数第一。也正因为突出的军事能力，所以他遭人猜疑妒忌，多次被诬告谋反，李世民都为他平反。

木秀于林，风必摧之；行高于众，人必诽之。历史上有很多功劳显赫的贤才被陷害至死的事。唐太宗李世民爱护人才的事迹也有很多，其中尉迟敬德就是在李世民的保护下活下来的。尉迟敬德本来是刘武周营中的大将，武德七年（公元624年），他和另一名大将寻相投向了李世民。不久后寻相叛变，有人怀疑尉迟敬德也会叛变，就将他囚禁起来，并把这事告诉了李世民，要李世民将他杀掉。但是李世民却坚决不杀敬德，还安慰他，让他不要把误会放在心上。李世民的这种爱才护才的气度让尉迟敬德非常感动，后来在战场上，尉迟敬德出生入死，屡建奇功。

李世民对部下都能做到用人不疑，竭诚相待。对于确有才能的，他就会委以重任。贞观十九年（公元645年），唐太宗李世民平定辽东，重用宰相房玄龄监国，国事全权委托给了房玄龄。结果却有人告发房玄龄谋反，房玄龄不敢自己独断专行，于是就把告发者送到李世民的军营。李世民听说是告发房玄龄的，当即喝令将其斩首。后来，李世民还给房玄龄写信，批评房玄龄太不自信，"我既然已经委托你监国，我就不会怀疑你"，告诉房玄龄以后碰到这样的事情，就自行处理。

保护贤才，信任贤才为阳；竭诚相待，施恩贤才为阴。就是因为李世民的竭诚相待和施恩，使得大臣们心存感激，忠心于他，同时他也能够信任这些臣子们。

唐太宗李世民在即位后总结了前朝用人之过失，把眼光转向广大的庶族地主，同时也不放过有才能的士族地主，采取了士庶并举的方针。如他早在藩府时，就注意物色有才能的庶族地主房玄龄、张亮、侯君集等人；同时也信用士族地主高士廉、长孙无忌、杜如晦等人。继位后，选拔士

庶地主的条件更为优越了,王珪、韦挺、魏征、马周均是其中的杰出代表。

马周此人出身低贱,性格怪异,生性豪放,所以在地方经常遭受歧视。他曾做过几年坐馆先生,但由于经常饮酒醉卧,屡次遭人侮辱,后来辗转流落到中郎将常何府中。常何发现他是个不可多得的人才,于是收留了他。

贞观五年(公元631年),中原一带发生大旱,百姓颗粒无收,一贯体恤民力的唐太宗李世民传令百官上朝,商讨如何全国同舟共济度过难关。在朝会中,李世民发现文化不高的中郎将常何一下提出各种建议二十多条。这些建议不仅符合实际,而且方法简便易行,既能切中要点又能极大地提高办事效率,起到事半功倍的效果。李世民非常了解常何,知道作为武将,常何不可能提出如此有水平的建议,肯定是他门下有人帮助他。果然,李世民召来常何一问,才知道他府中有位叫马周的人非常有才,而这些建议都是马周替常何想出的。

知道真相后,李世民立即让常何带领宫人回府接马周入宫觐见。得知太宗派人召见,正在床上休息的马周慌忙穿衣起床。就在这短短的穿衣过程中,急于求贤的李世民竟前后四次派使者前来催促。马周对太宗的重视甚为感动,他隐隐感到自己终于遇上了圣明君主,或许自己今后就可以尽情施展自己的抱负了。

马周想得没错,在一番谈话后,李世民不仅没有因为马周出身低贱而嫌弃他,反而认为此人为国之大才,堪当大任。他当即下令任命马周为门下省的监察御史,很快又提拔为给事中、中书舍人。李世民曾对近臣说:"朕片刻不见马周就要想他。"立太子后,他又提升马周为中书侍郎,兼太子右庶子,肩负教育太子李治的重任,后马周又担任中书令。

贞观二十二年(公元648年),年仅48岁的马周在长安去世。李世民为他举行了规格很高的国葬,并赠幽州都督,命人把他葬在昭陵陪伴自己。

第一章 跟李世民学用人——各尽其用,不拘一格

马周是唐初很出色、也很有成就的政治家,虽然他壮年逝世,但他实现了自己年轻时定下的理想和抱负,辅佐一代明君成就盛世。唐初的经济发展和政治稳定,都应该有马周的一份功劳。

李世民曾对马周作出过这样的评价:"马周为人正直忠诚,对事物有着敏锐的观察力和独到的见解,而且在对人的评价中能够做到客观、公正,这是非常难得的。近年来,马周为朕推荐了很多人才,朕任用感觉都非常合适。既然马周能有如此突出的才能和品行,朕一定要借助他的才能,以使国家政局康宁。"

一百多年之后,唐朝诗人李贺曾作《致酒行》一诗,对唐太宗李世民"览奏识马周"的故事作出形象叙述,其中"吾闻马周昔作新丰客,天荒地老无人识。空将笺上两行书,直犯龙颜请恩泽"两句就是对李世民重用马周的称赞。

李世民在提拔庶族贤能的同时,也并不排斥有才能的士族地主。如长孙无忌是长孙皇后的哥哥,是世家大族,又是自己早年的好友,文武双全,累建功勋。当李世民准备要他担任司空要职时,朝廷许多人担心这样做会被人说成是"以私人治天下"。长孙无忌自己也推辞,不愿就职,而李世民坚持让他担任了司空职务。再例如,李玄道原是后魏陇西李宝家族,后来世代居住在郑州,就成为山东士族地主。贞观年间,他被提拔为常州刺史,对工作兢兢业业,当地百姓安居乐业,李世民下诏褒美。以上史实充分说明了唐太宗李世民识人、用人是不拘一格的,只要是对国家有用之才,无论是庶族地主,还是士族地主,甚至是平民百姓,均可以提拔任用。

唐太宗李世民与以往的帝王相比,最大的特点就是不重汉轻夷,堪称帝王之典范。李世民很留意从少数民族中发现人才并大胆提拔,真诚任用。根据夷将的功勋与智勇,分任朝廷高级将领与地方的都督之职,以

致委以重任带兵出征或宿卫。贞观年间,鲜卑族人尉迟敬德,南蛮酋长冯智戴,东突厥的李思摩,铁勒部落的契苾何力,西突厥的阿史那·社尔等人都是朝庭中的命官。

阿史那·社尔为突厥处罗可汗之子,年少时就以智勇称雄草原。贞观九年(公元635年),他率部归顺后,深受李世民器重。阿史那·社尔治军严肃,在平高昌的战争中,麾下秋毫无犯,李世民夸赞他廉洁谨慎,封他为毕国公。李世民死后,阿史那·社尔想以身殉葬,唐高宗李治不许,迁升他为右卫大将军。

契苾何力于贞观十六年(公元642年)回家探母期间,他的部族要叛归薛延陀部并威胁他,契苾何力向东大呼曰:"岂有大唐烈士受辱蕃庭,天地日月,愿知我心。"遂即拔出佩刀割下左耳以表示不屈服。李世民死后,契苾何力也想以身殉葬。

在唐昭陵周围有功臣大将陪葬墓67座,其中少数民族将领即占15人,可见李世民对少数民族将领的重视程度。

李世民深知"用人不必问出处"之理,所以他得到了许多贤臣良士辅佐其建设江山。

二、不拘一格取人才

"常格不破,大才难得。"北宋政治家包拯的灼见仍不乏现代价值。当然,"不拘一格"绝不是不要"格"或没有"格"。选人无"格"将会模糊选用人才的基本标准和要求,容易被别有用心的人钻制度的空子而滋生用人腐败。解决这个问题的出路,不是要回到纯粹以"格"选人、以"格"套人的用人老路。在选人用人实践中,既要破除论资排辈的陈旧"格"意识,做到"不拘一格",又要避免任人唯亲,严格"破格"的基本标准。

隋朝末年,隋炀帝荒淫无度,眼看着要天下大乱、民不聊生,于是李世民开始广泛交游。李世民在16岁的时候就曾应募勤王,做云定兴将军部下,并且崭露头角,有着很好的声誉,所以很受关注。晋阳县令刘文静与李世民有着很深的交情,后来,刘文静因为受瓦岗军首领李密之事株连,被逮捕入狱。李世民深深地被刘文静的胆识和才略所折服,于是就以探视为理由,和他一起在狱中拟定了招募兵士、西入关中、创立帝业的举兵计划,并和刘文静、晋阳宫副监裴寂一起劝说李渊举兵反隋。

因为想要成就一番大事业,李世民从一开始就礼贤下士,以李渊公子的身份,不惜折节下交,广揽贤才。像刘文静这样地位低微但是才华横溢、满腹雄心的庶族人才,就是一个典型的例子。李渊在用人方面不敢突破,招揽的人才多是门户尊贵的士族。在这一点上,李世民与李渊大不相同,李世民不拘一格,招揽了大量的寒门微士,甚至不少是亡命之徒和流氓无赖。这为李世民利用当时社会的各种政治资源,创建唐朝,奠定了基础。

招揽像刘文静这样才华横溢的寒门微士,属于阴阳互动的阴;同时重用隋朝旧部及贵族,如萧瑀、裴寂、屈突通等则为阳。

金无足赤,人无完人。人总会有自己的短处与缺点。如果一味地用求全责备的眼光去看人,就会出现有眼却不识人才的问题。所以,在选才上,"人才有长短,不必兼通",否则肯定会无才可用。对此,有着深刻的认识的李世民,他反复强调"因其才取之"、"舍短取长,然后为美",并坚持认为"良匠无弃才,明主无弃士",如果人才得到重用,则满目皆为俊才,如果舍弃人才不用,则无一可用之人。

贞观二年(公元628年),李世民下令尚书右仆射封德彝举荐贤能的人才,可是过去了几个月,却一点动静都没有。他难以掩饰求贤的急切心情,责备封德彝说:"要想治理天下使之安定,最根本的就是要有治国的贤才。我一直在请你推举贤才,可是为什么总不见你有所推荐。如此繁重的朝廷事务,你应该替我分担忧劳,如果你不发言推举贤才,那么我还能指靠什么呢?"封德彝回答说:"臣虽然愚钝,但是怎么会不尽心去办这件皇上交待的事呢?只是微臣至今所见,确实没有发现有什么特殊才能的人啊。"李世民非常生气,驳斥道:"纵观前代贤明的君主,任用人才就像使用器物一样,都是取材于当时,没有哪一位是到另一个朝代去借用人才的。难道必须要像商汤那样梦见了傅说,像周文王那样遇见了吕尚,才可以施政吗?更何况,哪一朝哪一代没有贤才,只怕是我们遗漏了却不知道罢了。"由此可见,李世民的择人思想非同一般。他认为不会没有人才,关键在于物色。如果不去发掘人才,也就发现不了人才,必定不知道人才。相比较之下,封德彝就没有认识到这一点。其实封德彝的缺陷是常人都有的,就是不善于从身边、从现实生活中去发现,只是一味地把人才与历史的名哲圣贤相比,这就犯了按图索骥的错误,这样很难发现贤才。

其时的大理寺卿戴胄,就是李世民取长而用的一个典型。戴胄曾经任职隋朝门下事,他为人正直无私,通晓律令,但是却对往史一无所知。对

第一章 跟李世民学用人——各尽其用，不拘一格

于这方面，李世民看得十分清楚。李世民认为，法律要想得到维护和执行，首先必需得有公正无私之人，而这样的人就首推戴胄。因此，他便任命戴胄为大理寺卿。戴胄上任之后，在执法上的确是非常公正严明，但在任职官吏时，他却总是压制文人而多次褒扬明法的官员。李世民并没有因为他的这些小过而放弃对他的重用，他曾说"戴胄与朕无骨肉之亲，但却忠直励行，情深体国"，对戴胄的公正无私大加褒扬。

旧臣萧瑀出身于帝王之家，通晓封建法度，但是他的性情偏偏，议论明辩，却容不下人的短处。因为他的气量太小，常常与群臣发生争执，每每声色俱厉，不仅导致了同僚间的失和，也经常惹得李世民非常不高兴。但是萧瑀为臣极为忠直，李世民又对此极为欣赏，他曾经亲口对萧瑀说："卿之忠直，古人不过。"并且为其赋诗："疾风知劲草，板荡识忠臣。"所以李世民对其缺点一再予以耐心教育和容忍，一直都没有放弃对他的重用。后来在危机情况下，才忍痛将他贬为商州刺史。

"人之行能，不能兼备，朕常弃其所短，取其所长。人主往往进贤则欲置诸怀，退不肖则欲推诸壑，朕见贤者则敬之，不肖者则怜之，贤不肖各得其所。"正是在这一认识的基础上，李世民才有了以上的种种做法。对于他的众多股肱之臣，李世民虽然都任之有加，但对于他们的才干得失、优缺长短，他也并不是一点都无所察觉。

贞观十八年（公元644年）八月，李世民曾经对他的大臣们作过品评："长孙无忌善避嫌疑，应物敏速，决断事理，古人不过；而总兵攻战，非其所长。高士廉涉猎古今，心术明达，临难不改节，当官无朋党；所乏者骨鲠规谏。唐俭言辞辩捷，善和解人；事朕三十年，遂无言及于献替。杨师道性行纯和，自无愆违；而情实怯懦，媛急不可得力。岑文本性质敦厚，文章华赡；而持论恒据经远，自当不负于物。刘洎性最坚贞，有利益；然其意尚然诺，私于朋友。马周见事敏速，性甚贞正，论量人物，直道而言，朕比任使，

多能称意。褚遂良学问稍长,性亦坚正,每写忠诚,亲附于朕,譬如飞鸟依人,人自怜之。"同年三月,他对当时的名将也作了评价:"于今名将,惟李世勣、李道宗、薛万彻三人而已。世勣、道宗不能大胜,亦不能大败,万彻非大胜则大败。"从中可以看出,李世民对自己的所有文臣武将,可以说是了如指掌。他也并非看不到他们的缺点和劣势,只不过是凭借着自己的驭人之智,巧妙地用其长处,避其短处,使其尽才而用而已。

秦琼也是李世民最为忠心的部将之一。秦琼,齐州历城人,字叔宝,少时从军。他最初曾在隋左翊卫大将军来护儿帐下当兵。因秦琼武艺高强、作战勇猛深得来护儿青睐。

秦琼母亲去世时,来护儿亲自派人前往吊唁。来护儿的手下将领感到非常奇怪,纷纷议论:"士兵亲人的丧事,将军从来没有过问过,怎么将军单独吊唁秦叔宝之母呢?"来护儿说:"秦叔宝有武艺、有才能、有节操、有志向,此人肯定不会久居人下的。"

不久之后,卢明月起义反隋,秦琼跟随通守张须陀出兵下邳迎战。但此时张军实力和卢明月军悬殊巨大,无法作战,想退兵又怕被敌军追赶。张须陀认为,只要有精锐之士偷袭敌军营寨,才能战败敌军。秦叔宝和罗士信自告奋勇,向张须陀请命率军前去劫营。二人劫营导致卢明月大军慌乱,张须陀趁机和秦叔宝、罗士信二人前后夹击,大败卢明月部。此战秦叔宝因功升为建节尉。后来,秦叔宝又跟随张须陀攻打李密的瓦岗军,但此战中张须陀败亡,秦叔宝跟随大将裴仁基投降了李密。李密得到秦叔宝这样威武的大将,非常高兴,当即任命他为帐内骠骑。

李密兵败降唐之后,秦叔宝最初选择归降王世充,担任王世充部的龙骧大将军。在王世充军中一段时间后,秦叔宝与一同归降的程知节说:"王世充为人狡诈,从他多次与部下赌咒发誓可以看出他根本没有帝王之相,不如另投明主。"于是二人相约西去,到长安投降李渊,被安排在李

第一章 跟李世民学用人——各尽其用，不拘一格

世民的秦王府。李世民知道秦叔宝是位不可多得的猛将，虽然双方是曾经的对手，但他仍对秦叔宝礼遇有加。

秦王李世民入主长春宫时，秦叔宝跟随镇守，担任马军总管。在美良川，秦叔宝大败尉迟敬德，高宗李渊授秦王右三统军，并赐给他黄金瓶；在介休率兵大败宋金刚之后，他又被下令担任上柱国；李世民征讨王世充、窦建德、刘黑闼期间，秦叔宝都冲锋陷阵，骁勇无比。每当敌人有骁勇之将在阵前炫耀时，李世民就会派秦叔宝迎战，万马军中，莫不如志。由于作战勇猛，功勋卓著，秦叔宝被李世民奖励千万金帛，授右武卫大将军，并进封国公。

正是因为李世民能够客观地对待人才，不一味地求全责备，善于包容别人的缺点与不足，才使得各种不同性格、棱角分明的人才可以聚拢于一朝，各得其所，尽其所能；同时也使得一些有着比较严重缺点的偏才不被埋没，使他们得以充分避己之短而扬己之长，利用自己的优势为大唐江山服务，效忠大唐。就这样，调动了各种积极因素，也使得消极因素向积极因素转变，最终成就了"唐多能臣，前有汉，后有宋，都望尘莫及"的局面。

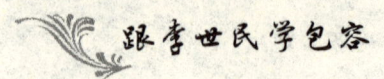

三、尺有所长，寸有所短

草原拥有无垠的平坦，却缺少山峰的挺拔；山峰拥有险峻的挺拔，却缺少大海的狂啸；大海拥有肆虐的狂啸，却缺少草原的平坦；教师教育可以给我们引导，却缺少社会为我们提供实践；社会教育可以让我们锻炼，却缺少家庭教育给我们支持和关爱。一个人有缺点也有优点，正所谓"尺有所长，寸有所短"。

"函牛之鼎，不可处以烹鸡；捕鼠之狸，不可使以搏兽；一钧之器，不能容以江汉之流；百石之车，不可满以斗筲之粟……今人智有短长，能有巨细……君择材而授官，臣量己而受职，则委任责成，不劳而化，此设官之当也。"在其编著的《帝范》中，李世民用这段话来教诫太子该如何用人。而就其个人而言，他不仅这么说了，他也这么做了。为了李唐社稷，在李世民执政的二十余年里，他孜孜以求，在用人上遵从委任责成、量才授职的原则，希望能在最大限度上使人皆尽其才，并且为之所用。

即位之初的李世民，仰慕景州录事参军张玄素的贤才之名，于是亲自召见，问他治道之法。张玄素建议李世民："谨择群臣而分任以事，高拱穆清而考其成败以施刑赏，何忧不治。"张玄素所提建议的重点是"分任以事"，就是说在知人的基础上，舍短取长，让他们各司其职。君主没有必要事事都插手，对于官员履行公务时不要施加干预，只需要督察其是否称职就可以了，以此避免官员无所适从，最大限度发挥他们的自主性和积极性。君主高居庙堂之上，只要做到赏罚分明就可以实现天下大治了。李世民对张玄素的这一建议颇为赞赏，随即实施。

贞观四年（公元630年）七月初一，李世民与房玄龄、萧瑀一起评论隋

第一章 跟李世民学用人——各尽其用，不拘一格

文帝。房、萧认为隋文帝为"励精之主"，李世民却说："你只知其中的一方面，而不知另一方面。隋文帝这个人的性格过于审细督察，但在内心却不明事理。心地隐晦，光明肯定照不到最深层。对待事物极为审细的督察，也一定会让他对外事外物疑虑多端。况且他还是靠欺负孤儿寡母而得到的天下，所以他经常对当面敷衍他而内心不服的群臣感到很生气，不肯信任文武百官。事无巨细他都要亲自决断处理，虽然这样劳费精神辛苦形体，但是终究不能把所有的事都处理得非常合理。朝中大臣即使知道他内心的想法，也不敢直言劝谏。宰相以下的许多官员，也仅仅是顺承他的旨意办事罢了。然而朕的看法则与他不同。天下如此之大，人民如此之多，事情又是如此繁琐复杂，千头万绪，就需要懂得灵活变通。凡事都应交文武百官商议，宰相做筹谋策划，对于所处理的事情可以做到稳妥、便利，才可以呈奏施行。又怎么能让一日中需要处理的许多事，让一个人独立地去思考考虑呢？假如一天要处理十件事，若有五件出偏差，处理对了当然好，处理不对的又怎么办呢？哪里能比得上广泛任用贤士良才呢？身居高位就应该高瞻远瞩、严肃法令，这样还有谁敢胡作非为呢？"

李世民又说："朕方选天下之才，为天下之务，委任责成，各尽其用，庶几于理也。"这种"委任责成"的理论，正是李世民实施了四年前张玄素所述的为政之道后得到的经验总结。而事实上，各级官员也确实"各尽其用"，收获了轻轻松松就可治理好国家的功效。

对于此事，后人曾经评论说："君以知人为明，臣以任职为良。君知人，则贤者得行其所学；臣任职，则不贤者不得苟容于朝，此庶事所以康也。若夫君行臣职，则丛脞矣；臣不任君之事，则惰，此万事所以堕也。当舜之时，禹为一相，总百官，自稷以下，分职以听焉。君人者，如天运于上，而四时寒暑各司其序，则不劳而万物生矣。君不可以不逸也，所治者大，所司者要也；臣不可以不劳也，所治者寡，所职者详也。不明之君，不能知人，

故务察而多疑,欲以一人之身,代百官之所为,则虽圣智,亦日力不足矣。故其臣下,事无大小,皆归之君,政有得失,不任其患,贤者不能行其志,而持禄之士,得以保其位,此天下所以不治也。是以隋文帝勤而无功,太宗逸而有成,彼不得其道,而此得其道故也。"

"委任责成",可以使群臣"各尽其用,方得逸而有成",也可以让持禄之士兢兢业业为李世民效劳,李世民便可以轻轻松松地治天下,同时又能免遭劳而无功之笑。既然可以这样,李世民何乐而不为?可是要想做到委任责成,就必须要使群臣可以各自适应自己的位置,能够独自担其职。否则,如果用人不当,也很难得安逸,更不用谈天下之治。因此,李世民在为政之时,时时留心,处处留意,量体裁衣,量才授职,尽全力让人尽其职。任用戴胄就是其中一个很好的例子。正是因为李世民对戴胄性格的体察,这才有了戴胄才能的尽情发挥。在对戴胄进行任命之前,李世民就曾经对侍臣说过,大理寺一职关系到人的性命,应当精心选拔公正无私心的人来担任,用心去维护和执行法律,符合这一特点的人首推戴胄。就这样,李世民通过委任责成,让人尽其职,最终有了"朕何忧也"的赞叹,轻轻松松便得到了事半功倍的效果。

贞观十八年(公元644年),李世民听说洺州刺史程名振擅于用兵,便立即派人将他召入宫中,对之大加赞赏并且予以鼓励。可是,程名振并没有磕头谢恩,李世民对此举颇感奇怪,故意装作很生气的样子,来看看他究竟会有什么反应。谁知程名振却丝毫没有诚惶诚恐的样子,仍然是"举止自若",甚至应对时更加明辩。通过试探,李世民对程名振的性格已经有了较多的了解,他看出程名振对用兵打仗之事是了如指掌,极其专注,却对如何处理世故人情的道理一概不知。这样的人虽然过于偏执,但必定能成为一大奇才。于是,李世民对程名振大加赞赏,然后就提拔他为右骁卫将军。

第一章 跟李世民学用人——各尽其用,不拘一格

任用冯智戴又是一例。高州首领冯盎的儿子即冯智戴。贞观初年(公元627年),一次,冯盎带着冯智戴一起进朝拜见李世民。李世民早就听闻这个年轻人擅长兵法,于是在和冯盎一阵寒暄之后,他突然心生一法,想通过一种特别的方式来考验一下冯智戴。他就以山间的白方来试探着问冯智戴:"白云下面有且戒寇,今天可不可以进行攻打?"这的确是别出心裁的一问,要是换上一般人,也许就会立马语塞了。谁知冯智戴却很是镇定自若,他抬头看了看白云,从容不迫并且颇有信心地答道:"可以攻打。"李世民对此亦颇觉诧异,就问他:"为什么可以攻打?"冯智戴则胸有成竹,用阴阳五行之道向李世民解释说:"这白云形状像颗树,日展在于金,金能克制木,所以攻打敌人必定能够胜利而归。"李世民看见他对答如流,应变自若,而且用兵之法颇有不同于常人的地方,于是对他大加赞赏,立即任命他为武卫将军。

贞观十一年(公元637年),治书侍御史刘洎觉得各官府的左右丞应需要加以精简,他上书说:"臣下了解到尚书省日理万机,实为朝政之本,私下寻思,尚书省人员的选拔确实是很困难的。因此,八座(即左、右仆射及吏、礼、户、工、刑、兵六部)可比附于天上的文昌星座,左右二丞管辖六部,至于那些部属各司的官吏,在天上对应各个星宿,假如不称其职,就会引来讽刺非难。近来臣看到尚书省的诏命敕令稽留停顿,公文讼案堆积,臣下确实平庸低劣,但还是请允许我陈述其根据。"

"贞观初年(公元627年),朝廷还没有设尚书令、左右仆射等官职。那时候,尚书省的事务还很繁琐复杂,比现在要多好几倍。当时任职左丞的戴胄、任职右丞的魏征,都通晓官吏等的事务。他们的胸怀坦荡,品性刚正不阿,凡是遇到应该要弹劾检举的事情,一点也不回避。加上陛下广施恩慈,大家自然都会安分守己。各个官署都不会懈怠,这是用人得当的原因。直到杜正伦继任右丞,也是能够服众的。近年来朝纲废弛,都是因为

功臣国戚居摄高位，才会出现不胜任其职、彼此又依仗功勋权势互相倾轧的现象。"针对这一现象，刘洎非常尖锐苛刻地指出现在的情形："朝中百官，不能一心为国，有的虽然也想自强报国，可是会害怕谗毁讥谤。所以六部郎、中及诸司之长，自己职权内应当处理的事情，仍然要向上询问禀报，尚书办事时也是左右为难，难以决断。有些关于纠察弹劾的奏折，故意找理由稽留拖延，案子虽然已经办理完毕，仍然要继续盘问下属。拿走的从不规定时间限制，送来的也从不指责是否迟缓。一经出手，可能要经年过载，旷日持久。有的还为了迎合在上者的意思而隐瞒实情，有的还为了躲避嫌疑而不惜歪曲事理。在下的官府为了使案情成立从而了事，从不追究事情的是与非；在上的尚书把谄媚逢迎作为奉公之事，不问事情是否妥当。上下和同僚之间互相姑息迁就，对任何事情只求苟且求合。"

揭露时弊，阐明缘由之后，刘洎又提出了自己的想法，冷静地向李世民进言："选材授官，无疑应当非才莫举。庙堂上的官职由人来代理，怎能随便授予没有才能的人呢？对待那些皇亲国戚功臣元勋，只应当在礼遇和秩禄上给以优待。有的年事已高甚至古稀，有的疾病交加头脑昏聩，已经对时代、朝政无所裨益，应当使其退休安享晚年。长时间阻碍贤人进仕之途，终为不可。要想拯救这一弊政，应当精简尚书左右丞及左右郎中。如果各级官府都用人得当，自然会使治政纲领和法令完备伸张，这不但解决了文案堆积的弊端，同时也矫正了趋奉权势的风气！"

刘洎的奏章的确是切中时弊、一语中的，李世民看完后很是欣赏叹服。刘洎既然能将问题分析得如此透彻清楚，想必早已对这一问题观察很久了，胸中也已自有想法。如果让他去消除这一积弊，想必能尽快找到最合理有效的办法。因此，在奏章上奏不久后，李世民就任命刘洎为尚书肖左丞，全力支持他放手展开工作，以尽快处理好上述弊病。

第一章　跟李世民学用人——各尽其用，不拘一格

少年时期的卢庄道因有着非常好的记忆力，被高士廉发现并推荐给李世民，通过考试后，被任命为长安尉。后来在一次李世民组织官员审察记录囚犯的罪状时，因为卢庄道年龄尚小，相关部门出于慎重考虑，便不准备让卢庄道参加。卢庄道心里清楚自己的才能，当然不愿放弃这个机会，于是他坚决不答应上面的安排，通过极力的争取，才得到了这一机会。第二天在李世民召见囚犯时，卢庄道带着众多囚徒走入大厅，从容自若地在李世民面前评议起每个囚犯罪行的轻重和关押时间的长短。对于李世民的提问，卢庄道更是对答如流，对每个小细节都非常清楚。李世民为之惊叹，立即就将他提升为监察御史。

借其之长，去其之短，方得人尽其才，才尽其力，恰到好处地将自己的才能发挥出来。

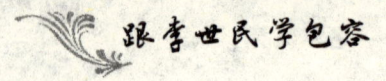

四、人力资源大整合

古人云:百足之虫,死而不僵。僵,偃也,仆也,就是倒下的意思。唐太宗李世民即位前,李建成和李元吉离世,东宫与齐王的势力可以说是已经死去了,但是他们的爪足却不会立刻倒下,所以对人力资源需要一次大整合。

李世民在玄武门之变中以最后的胜利而结束,中央权力也因此发生转移。李世民得到了皇位继承权,不久后便正式即位,终于实现了他安天下、济苍生的潜伏之志。然而,未来的路很漫长,等待他的却不是一番坦途。刚刚经历了巨大的变动,皇位又是通过非常途径所得,等待他的将是更大的挑战。初登皇位时,面临着十分复杂严峻的形势,一个个的问题接踵而至,在这些问题中,妥善处理政变后遗留的问题、稳定政治局势是最先要解决的。因为,当时在玄武门之战中虽然杀掉了太子李建成和齐王李元吉,但是东宫和齐王府集团的残余力量还分散在中央和地方,尤其是山东一片。东宫和齐王府集团都有着较强的势力,这也是引起社会不安的重大原因。如果不妥善处理好这些问题,就无法保证稳定的政局,更无从谈起国家的长治久安。

李世民自幼习武,生性刚烈。他与李建成、李元吉积怨很深,玄武门之变后,肯定要斩草除根。因此李建成的5个孩子和李元吉的5个孩子皆株连被杀,并且绝其属籍,即取消他们的宗室身份。与此同时,大权在握的李世民年轻气盛,即位后想把为李建成、李元吉卖命的党徒杀个干净,一来永绝后患,二来也可以出一出心中的闷气。李世民心里知道,几年来和太子的明争暗斗中,就是他们这些人天天给太子和齐王出主意,几乎把

第一章 跟李世民学用人——各尽其用，不拘一格

自己置于死地。秦府诸将为了迎合李世民的仇恨心理，建议把李建成和李元吉的一百多位僚属全部杀掉，抄没全家。李世民差不多也有这个意思，只有尉迟敬德坚决反对，他认为罪过只在李建成、李元吉二人，现在他们都已被斩杀，如果再株连其幕僚，涉及的层面很大，有可能会造成很多人奋起反抗，这是造成祸乱的根本原因，而不是求安的好方法。

就在许多人四处搜寻宫府集团的成员及其兵士、争相捕杀以邀功请赏的时候，东宫、齐王府集团的人惶惶不安。尉迟敬德的建议和眼前的形势向李世民发出了警示，让他认识到了滥杀的严重性。李建成、李元吉的问题已经解决，要想安定天下，就必须尽快对宫府余党采取安抚政策，攻心为上，来消除宫府余党的对抗。于是他下令禁止滥捕滥杀宫府的余党，同时以唐高祖的名义诏告天下："凶逆之罪，止于建成、元吉，自余党羽，一无所问。其僧、尼、道士、女冠并宜仍旧。国家庶事，皆取秦王处分。"这一赦令对瓦解宫府集团的残留势力和安定目前的政治局面起到了积极的作用。赦令一出，冯立、谢叔方等人便马上自首。冯立前来请罪的时候，李世民斥责他说："汝在东宫，潜为间构，阻我骨肉，汝罪一也。昨日复出兵来战，杀伤我将士，汝罪二也。何以逃死！"冯立回答说："出身事主，期之效命，当职之日，无所顾惮。"同时也表示出了悔罪之意，因此李世民又"慰勉之"，并授以其左屯卫中郎将之职。冯立非常感激，并表示"终当以死奉答"。

李世民了解这些人都重承诺、讲义气，都应该攻心为上。因此，李世民见到他们时，总是先严厉斥责其帮助太子为"恶"之罪，把兄弟相残的罪责归结为他们离间宗室骨肉；等到他们表示认罪时，便转怒为喜，褒扬他们忠于主子的忠义行为，原谅他们的过去；最后再任命新的官职，令他们心悦诚服，感恩戴德，乐于效命。冯立就感激地说："遭蒙不杀之恩，侥幸免于死罪，此生此世，一定以死报答。"

自那之后,不仅谢叔方、薛万彻等转而效忠李世民,散亡在长安附近的官府兵将,其中的一些人主动向朝廷弃械投诚,另外的一些人则销声匿迹,不再参与对抗活动。就这样,长安附近的隐患就迅速消除了。

一道赦令,避免了一百多人倒身在血泊中,也避免了因此事可能引起的不测事变,这真的是一个安定人心和稳定局势的明智之举。李建成、李元吉虽死,但其余党还有不少,社会上存在着严重的隐患。参与玄武门之战的东宫、齐府将士有不少逃亡隐匿,还有不少原东宫、齐府僚属也纷纷流窜到各地;京城里也有不少李建成、李元吉的旧党,地方上也有很多支持他们的力量。李世民杀掉了李建成、李元吉,掌握了生杀予夺的大权,那些支持和倾向于太子的宰相大臣个个都心存畏惧。事变刚刚结束,他们都在观望形势,考虑着自己的去留。这些人过去是敌对势力,现在若是采取高压政策,肯定会加强他们的敌对情绪。如果他们联合起来,将会形成新的威胁,局面会难以收拾。而且,当时的局面对唐王朝来说,是内忧外患。乘着玄武门事变之机,一直虎视眈眈中原局势的突厥屡次前来试探。李世民虽然以智勇退敌,但他深知,如果不能妥善处理好玄武门之变后的遗留问题,特别是李建成、李元吉的余党问题,一旦发生内乱,一定会给突厥造成可乘之机。因此,这也是他施行安抚政策的原因之一。毕竟,大变初历,稳定是固权建国的最高原则。为此,继第一道赦令后,为消除李建成余党的凄凉惶恐情绪,李世民又连发数条赦令。可是一些地方并没有认真执行以上的赦令,"太子建成、齐王元吉之党散亡在民间,虽更赦令,犹不自安",不久便又发生了李瑗之乱。李瑗为幽州大都督,是李建成安插在地方上的一个死党,李建成死后他在幽州举兵叛乱被杀。就这样,形势发生了大变,人心不定,"徼幸者争告捕以邀赏"。针对这个情况,李世民采纳谏议大夫王珪的建议,在七月下令重申:"六月四日以前,事连东宫及齐王,十七日前连李瑗者,并不得相告言,违者反坐。"这些宽

第一章 跟李世民学用人——各尽其用，不拘一格

大政策消除了敌对情绪和隐患，稳定了人心，有效地避免了社会震荡，李世民也因此得到了许多人才和英勇将士。

对待政敌尚且如此宽容，对待自己忠心耿耿的部下，李世民也巧妙地整合了自己亲王府的旧班底，让他们进入国家的政治权利中心。玄武门之变后，在李世民刚刚被李渊立为皇太子的时候，他就立即挑选秦府旧僚属组建了自己的班底：任命宇文士及为太子詹事，杜如晦和长孙无忌被封为太子左庶子，房玄龄、高士廉为太子右庶子，尉迟敬德和程知节分别为左、右卫率，虞世南为中舍人，褚亮为舍人，姚思廉被封为太子洗马。虽然名义上是太子府属僚，但由于李渊已经宣布国家各种事务都由皇太子全权处理，这意味着李渊的辅政班子已经被架空，李世民的太子府中官员已经开始掌握国家的政权、施行政令了。

武德九年（公元626年）七月，即将登基的李世民对朝廷三省六部、禁卫军将领和御史台长官作出重大调整决定。尉迟敬德、程知节、秦叔宝等一批秦府武将被任命为禁军十二府将领。接着，他又以朝廷的名义任命房玄龄为中书令，高士廉为侍中；萧瑀、封德彝为左右仆射；颜师古、刘林甫为中书侍郎，杜如晦为兵部尚书，长孙无忌为吏部尚书；侯君集为左卫将军，薛万彻为右领军将军，段志玄为骁卫将军，张公瑾为右武侯将军，李客师为左领军将军，长孙安业为右监门将军。从调整情况可以看出，原秦府主要僚属除战功赫赫的李靖和李勣之外，均被安排到朝廷中枢机构担任重要职务。

对于李世民登基后没有重用李靖和李勣，很多人都认为他有心胸狭窄之嫌。因为在玄武门之变前，李世民极力邀请李靖和李勣参加政变，虽然他们都是李世民的旧部，但出于种种原因他们都坚决拒绝参加。因此刚刚登基又急于组建自己忠诚班底的李世民对他们的政治立场仍处怀疑态度，暂时没有对他们加以重用。李世民刚刚建立起自己的政权，需要

的是整合绝对忠于自己的政治力量,以利于国家的稳定,而对于像李勣和李靖这样的人才,李世民在国家稳定后很快就把他们安排到非常重要的位置了。

政府的中枢职位调整到原秦府旧属手中后,李世民牢牢地掌握了国家的军政大权。由于大臣事事都向皇太子李世民汇报,仍然在位的唐高祖李渊反而没有了实际权力。在这种情况下,大权旁落的唐高祖李渊于武德九年(公元626年)八月初八正式下诏把皇位传给太子李世民。李世民经过了几次推让之后,于八月初九在东宫显德殿即位,当时年仅二十七岁。几天后,李世民的妻子长孙氏被册封为皇后。从此唐太宗李世民正式接替父亲李渊登上了历史舞台的中心。

李世民善于识人、用人,他知道人才乃是治国安邦之本,虽然自己能力很强,但绝不能包打天下。如果手下没有得力的、绝对效忠的助手,君主即使再英明贤德、政治法规再完善都无济于事。因此李世民非常清楚,发现人才并为自己所用是作为一名优秀的国家统治者必不可缺的能力。

由于李世民很早就很重视对人才的培养和任用,所以在秦王府内,有一群忠心耿耿的武士文臣辅佐他;在他登基之后,很快就能挑选出一班忠心耿耿的大臣。这些人的来历不一,有从晋阳首义时就跟随他进入关中的,有从敌人营垒分裂出来的,有从高祖时期的重臣中挑选的,有从战场上俘获的,也有从民间发现的。而且这些人的出身也有很大的不同,他们有的生于豪富,有的起于布衣,有的生于中华,有的长在夷狄。虽然李世民延揽的人才成分复杂,但在他开明政策和人格力量的感召下,这些人摒弃政治观念,抛开地域差别,忠心归附于他,成为李世民登基后的第一批人才班底,为唐帝国的建立和巩固发挥了积极的作用。

李世民的人力资源大整合,避免了政敌势力引起的社会动荡,也收获了许多人才与英勇将士。

五、赚得英雄白头

赵嘏留有残句"太宗皇帝真长策,赚得英雄尽白头",感慨科举制的实行笼络了天下的士子,让天下的读书人怀着"朝为田舍郎,暮登天子堂"的幻想,整日埋头苦读。许多读书人在"功名"二字的利诱下,不再关心国家的盛衰、人民的疾苦了,他们俯首贴耳地服从封建统治者的一切安排。

唐朝初期选拔官员,除令州县推荐外,科举考试也是重要途径之一。隋王朝建立后,废除了九品中正官制度,创立了科举选官制。李世民继承并改进创新发展了隋朝的科举制度,使科举制度日趋健全,最终使得科举、恩荫和杂色入流并列为选拔官吏的三种主要途径,从而更多地提供了庶族地主参政的机会,从制度上进一步让网罗群英得到保证。

贞观元年(公元627年),李世民"盛开选举",之后又通过科举考试选取贤才。秀才、进士、明经、明法、明书、明算等六科是常设的考试科目。明法、明书、明算是关于法律、书法、算学方面的专门科目,由于取士有限,而且也很难进入政界,因此真正谈得上常设科目和作为官员补充的是明经与进士两科。

九部儒家经典(《礼记》《左传》为"大经",《毛诗》《周礼》《仪礼》为"中经",《周易》《尚书》《公羊》《谷梁》为"小经")的两部是明经科考的主要考试内容。唐初,明经是按照经书的章疏试策。进士科在唐初考试时有务策五道,看文章的词华是当时衡量策文的主要标准。明法科考试律、令各一部,考试的律令,每部十帖,策试十条。明书科考《说文》《字林》,帖式、口试都要求通晓,要求是通训诂,兼会杂体。明算科考试《九章算术》《海岛算经》《周髀算经》等十部算经,要求是明数造术,辨明术理。

相互比较之下,进士科是最为热门的一门科考,因为考生一旦被录取,就相当于取得了候补官员的资格。进士的仕途优于明经,又为当时声望所归,自然士子趋之若鹜。故进士科考试人数要比明经多,录取也会比明经严格。所谓"其进士大抵千人,得第者百一二,明经倍之,得第者十一二"。显然,进士很难中举的现象早在贞观年间就冒头了,从而导致了从少年考到白头仍未中皇榜的人比比皆是,甚至有终生未中、老死科场的现象。世俗有流传的谚语:"三十老明经,五十少进士",意思是说五十岁能考中进士的都还算年轻,然而三十岁考中明经的已经嫌年老了,由此可见进士登第之难。

贞观年间被录取的进士人数虽然不多,但同之前的九品中正制度相比,它更有利于从庶族地主乃至于平民百姓中选拔有才能的人;补充官员对于在封建制度下巩固中央集权也是有积极作用的。李世民健全了科举制度,为庶族地主参与国家政权开辟了一条宽阔的道路。李世民曾经在金殿端门俯视新科进士鱼贯而出的盛况,当时,他没有掩饰内心的喜悦,得意地说:"天下英雄尽入吾彀中矣!"

然而,从审慎的角度考虑,李世民当然不会仅仅通过一次考试就将高中的考生纳入他统治机构的中心地带。为了确保人才质量,他在制度上又进行了精心的酿构。

进士的考取,可以说是历尽艰难。然而,士子考取进士,也只是取得了做官的资格罢了,要想成为朝廷命官,还要经过吏部复试。复试的内容也就是经史之类。贞观八年(公元634年),李世民颁发了"进士试读一部经史"的诏令,就是与进士应对吏部复试有关。这条诏令说明了进士考试试题的范围,与明经没有很大的区别。如果进士不通晓经史,仅仅凭借文笔取胜,往往要受到考官的刁难。贞观二十二年(公元648年),考功员外郎

第一章　跟李世民学用人——各尽其用，不拘一格

王师旦主持进士复试工作，进士张昌龄、王公谨在考试中"文策全下"，所以对于落第之事很是不服。张、王二人因为"并有俊才，声震京邑"，李世民也早就有所耳闻。金榜公布后，李世民发现榜上无昌龄、公谨的名字，心中也颇感奇怪，问王师旦是什么原因。王师旦向李世民回答说："此辈诚有文章，然其体性轻薄，文章浮艳，必不成令器。臣若擢之，恐后生相效，有变陛下风雅。"进士只有经过复试合格后，才可以授官，充当州县长官的幕僚；或者是经朝官推荐，以候补官员的资格正式入仕。由此可见，由进士到入仕，中间隔有几重天，有重重的艰难险阻。

同时，李世民还施行了制举制度，将其补充在科举制度之内。制举，是由皇帝下诏并亲自主持的科举考试，通常在京城的宫殿上举行，所以又称作殿试。唐代的制举考试始于贞观元年（公元627年）。制举的科目繁多，在贞观年间举行了多次制举考试，但考试科目都没有明确记载。贞观三年（公元629年）期间，李世民下过一道诏令，其中就提到了制举的科目"文武才能，灼然可取，或言行忠谨，堪理时务"。制举是允许布衣和官吏一起应试的，没有限制。考试获得优等的人，可以任命较高的官职，次者可以授予出身。因此制举也是朝廷网罗人才的一种办法。

在考试日期上，刚开始是承袭隋制，起于每年冬的十一月，终于次年春。但是由于当时参加考试的士子很多，这日期不免显得太过仓促，不利于人才罗役。于是，李世民采纳了刘林甫"今选者众，请四时注拟"的建议，期望能收到"选集无限，随到补职，时渐太平，选人稍众"的效果。除此以外，李世民还设定了"东选"政策，让关东的士子就近在东都洛阳考试，不必远涉西京长安。

唐朝著名诗人白居易16岁时到京城长安参加科举考试。当时长安有位名士叫顾况，因学识渊博深受学子的尊崇，因此很多到长安的考生都想办法去拜会、请教。白居易虽然诗才过人，但在信息媒体还不发达的当

时,很少有人听说过他的名字,而白居易的父亲又仅仅只是一个州县小吏,所以在长安也没有丝毫的影响力。早已听说顾况大名的白居易来到长安后,想办法拿着自己的诗集,去拜谒顾况。

顾况的门人把白居易领入府中,见到顾况后,白居易拿出自己的诗作。顾况本来对这位乳臭未干的年轻人不以为然,当打开画轴看到白居易的姓名时,他开玩笑说道:"长安米价可是非常贵,想在此居住可是非常不容易呀!"但当顾况看到白居易行卷第一篇《赋得古原草送别》时,感觉非常吃惊,尤其是读到"野火烧不尽,春风吹又生"一句时,他情不自禁地称赞道:"能作出如此锦绣诗篇,'居'长安也是非常'易'的事情呀!"从此他开始四处赞扬白居易的才华。白居易于是脱颖而出,并在科举中顺利过关,凭着自己的才学为国家服务。

李世民健全了科举制,扩大进士科,在人才的选拔和任用上,让官员的来源日益宽广,使寒士们也有了晋身之阶和出头之望。在科举制度时期,一大批庶族地主出身的人,像贫士出身的李义府等,他们通过科举而入仕朝廷,官至宰相,一代代由进士出身的贤相名将亦不胜枚举。这在一定程度上改变了在初步建立唐政权后,社会上一批地主阶级知识分子由于政局尚不稳定而心存余悸,造成的"天下兵革新定,士不求禄,官不充员"的局面,同时也招揽了来自全国各地赴考的众多能人,使其尽为皇室效劳。对此,李百药就赞扬道:"弘奖名教,劝励学徒,既擢明经于青紫,将升硕儒于卿相。"

科举考试选拔的优秀人才越多,也越会增加最高统治者选择其作为宰辅或重要官员的机会,这样就促使唐统治机构的人员不断变化更新。唐代进士出身者经过吏部的释褐试就可以任命官职。他们大都从九品的主簿、丞、尉开始任官,其中不少人也可以很快地进入中央各机构,甚至被任命为宰相。因此,唐代上层统治集团的构成也在不断地更新变化。这种更新犹如人的机体输入新的血液一样,能使整个政权变得有朝气,不会因循守旧,富有创新精神。

李世民通过科举制度网罗的儒林群英,基本上排除了他们承祖宗余荫、以旧业骄人、空腹高心的弊端,代之学识拔士,完全采取了以才选官的方法,为开创贞观盛世提供了人才保障。

第二章

跟李世民学纳谏

——广开言路,从善如流

自古以来忠言多逆耳,但是能够学会纳谏,是一位贤明君主所为。唐太宗李世民是一位贤明的君主,他为了国家的长治久安,虚心听谏,更是放低自己的高度去劝谏大臣们可以集思广益。正是因为李世民放弃享受安逸奢华,只为做一个明君,才让李氏的江山代代相传;正是因为李世民的虚心纳谏、广开言路,才有了前所未有的贞观盛世。

第二章 跟李世民学纳谏——广开言路,从善如流

一、为得直言进谏弃威严

隋炀帝杨广的腐败在于拒谏,最终导致亡国,李世民亲眼目睹了这一切,他对此不能不深深以之为戒。李世民作为一个有理性的皇帝,他从内心里认识到,骄奢淫逸、刚愎拒谏一定会给国家带来恶果。登基后,他要求群臣直言进谏。为了让群臣可以毫无顾虑地进谏,他放弃自己的威严,只为听得忠言,只为李唐王朝可以千古永在。

亡隋的教训让李世民首先想到了"冀闻谏诤"的思想。隋炀帝骄矜自负,讳亡憎谏,曾经说:"我性不欲人谏。有谏我者,当时不杀,后必杀之。"朝中大臣苏威每次想进言,却始终不敢明说,只得利用五月五日端午节献《古文尚书》以委婉规谏,炀帝以为他是在讥讽自己,立即将他除名;萧瑀劝阻炀帝征伐辽东,却被贬出朝廷,任河池郡守;董纯劝炀帝不要驾幸江都,却入狱并被炀帝赐死。从这之后,那些直言进谏的大臣都放弃了炀帝,最后连天下有变大臣们都不敢向他报告。一个宫女冒死告诉他外面已经大乱,结果被杀。炀帝一点也不知道天下形势,终于身死人手,国破家亡。隋炀帝的悲剧让所有人刻骨铭心,李世民每次想到这便深自戒惧。

贞观初年(公元627年),李世民对王公大臣们说:"如果人想自己看清自己的面容,就必须要有一面明镜;如果人主想知道自己治政的得与失,就必须要借助于忠臣。倘若人主自以为是,臣下又不敢指出匡正,怎么可能不陷入危亡失败的境地呢?所以,君主若失掉国家,臣下也不可能单独保全他的家庭。像隋炀帝那样残暴淫虐,让臣下都缄不作声、闭口不言,最终的结果只能是自己听不到自己的过失,国破家亡。他的大臣虞世基等人,不久也会被诛杀。前代的事情距我们并不是很远,因此,你们今后只要看到我做的事对庶民百姓不利,一定要直言规劝。"

李世民有自知之明,他了解到,君主高居殿堂内,身处深宫中,视听都会受到阻碍,自己的见地未必能顾全所有,如果毫不知晓自己的言行有差错,必定导致国家大政出现缺漏并无法补救。他曾说:"国君缺乏自知,不了解下情,又不愿听逆耳之言,直至灭亡,终身不悟,岂不可怕?"

他认为天下的事情是千头万绪,由一人听断处理不仅会疲惫不堪,还做不到尽善尽美,而自己想要认识到自己的短处和错误又非常困难。因此,只有依靠良臣谏诤,才能发现错误,改正过失。他懂得臣下谏诤的重要性,只有言路畅通,才可以大治天下。同时,他也发现要倡导谏诤,首先就要打消臣僚的顾虑。如果经常训人,谁还敢讲话呢?

在封建时代,皇帝拥有着至高无上的权力。"王者居宸极之至尊,奉上天之宝命。"一旦触犯皇权,便会招来杀身之祸。谏诤是巩固专制统治必需的补充手段,但是进谏从本质上讲与专制政体格格不入。人们常把君主比作龙,古代的韩非子指出,龙在喉下长有逆鳞,"夫龙之为虫也,柔可狎而骑也;然其喉下有逆鳞径尺,若人有婴之者,则必杀人"。君主拥有逆鳞,如果触怒了他,都会招来灭顶之灾。李世民十分清楚这一点,他说:"人臣欲谏,辄惧死亡之祸,与夫赴鼎镬、冒白刃,亦何异哉?故忠贞之臣,非不欲竭诚,竭诚者乃是极难。"李世民的英明之处就在于他想方设法化解这个矛盾,让大臣们肆无忌惮地直谏。

李世民平时仪表威严,上朝时是威容严峻、咄咄逼人。百官觐见时因为精神紧张经常显得手足无措,上书奏事时显得顾忌重重。李世民了解到这个情况之后,就开始注重自己的神情态度。每次召见奏事者时,他都尽量做到和颜悦色,表现出坦然的态度。为了避免臣下畏惧而不能尽言,他还说:"纵不合朕心,朕亦不以为忤。若即嗔责,深恐人怀战惧,

第二章　跟李世民学纳谏——广开言路,从善如流

岂肯更言!"甚至对于"臣下有谠言直谏,可以施于政教"的人,他还多次指出"当拭目以师友待之",并还强调说即使"直言忤意",也肯定不恼怒指责。如此诚意恳切,臣僚们也敢于开口言事了。贞观八年(公元634年),李世民又发现了类似贞观初期的情景,大臣们小心谨慎,连说话也会吞吞吐吐。由此,李世民深深认识到对臣下的态度十分重要,他再次向大家申明,即使是进谏不正确,或者是不合自己的心意,也不会责罚大家。

关于李世民从谏如流,《资治通鉴》中曾写过这么一个小故事。唐太宗李世民有段时间很喜欢养鸟,有次他得到一只鹞鸟,非常喜欢,整日公务之暇就玩赏不已。一天,正在和鸟玩耍的李世民忽然看见魏征迎面而来。李世民知道,一旦魏征看到自己在玩鸟,肯定会直谏自己"玩物丧志",于是李世民赶忙将鸟藏在袖中。魏征面见李世民后,开始和他长篇大论起时事和琐事,滔滔不绝。李世民心疼自己袖中的鸟,但也不敢将鸟从袖中取出,就这样难受地和魏征聊了半天。等魏征走后,李世民从袖中拿出鸟一看,结果发现爱鸟已经因憋闷而死于袖中。堂堂大唐天子,竟如此惧怕大臣?事实上,李世民怕的不是大臣,而是惧怕谏臣魏征说他身为天子,玩物丧志,忘了大唐社稷的安危和黎民百姓的死活。李世民向来听从谏臣之言,以换来大臣们的直言进谏。因此与其说李世民怕"臣",倒不如说李世民是想极力用开明的举动引导大臣直言纳谏。

李世民在贞观八年(公元634年)对侍臣说:"我每次在闲居静坐时,会从内心进行自我反省,常害怕自己的行为上不符天心,下被百姓所怨恨。因此,总想让正直的人来匡扶规谏,想让自己的所见所闻能与外界相符,使下面的百姓没有怨恨且信息畅通。可是我近来发现前来奏事的人都心怀恐惧害怕之意,导致语无伦次,不知所措。平常奏事时都是这样,又怎么会直言相告、进谏规劝让人君改正错误,必定是畏惧触犯龙鳞。因此,每次前来进谏的人，即使他所奏之事不符合我的心意，我也不认为他是抵触犯上。倘若立即斥责进谏者，我担心进谏者会心怀恐惧，怎么敢再说话呢？"

然而，李世民晚年时对这点却有所疏忽。有一次，李世民又征求大臣们对他的意见，他说："做臣子的面对君王，多是顺从却不敢违忤，花言巧语以讨欢心。我现在发问，要一个一个的来毫无隐瞒地说一说我的过失。"黄门侍郎刘洎回答："陛下拨乱反正，开创了大唐基业，真的是功高万古，就像刚才长孙无忌等人说的那样。但是最近有人上书，有些言辞道理不符陛下心意的，你定要当面寻根究底，问个明白，结果臣下肯定都是羞惭而退。这恐怕不是鼓励进谏者的态度。"李世民立刻发现刘洎的批评是对的，并表示一定会改正这个毛病。

"人主之威，非特雷霆也；势重，非特万钧也。"即使能够诱惑得到觐谏，悦颜受谏，臣下都还是不敢直颜而谏。若震之以威怒，其后果肯定更不堪设想。为发现自己的得失，让制度统治不会乱，保证国家不会有危机，心中有求谏之意，行为上肯定不会拒谏。这样才能得端良正直之士，讲论经训，就好像三益之友。李世民假颜以求，可以说是用心良苦！

李世民为引导大臣能直言纳谏，不惜放下帝王高高在上的威严，使自己过错渐少而威德变得日益隆盛，最终得到升平之治。

二、俯首听群臣进言

"君臣上下,各尽至公,共相切磋",才能够"以成治道"。认识到这一点在"导之使谏"之后,李世民竭尽全力想要虚己纳言。他知道人君高居九重天,做到明察秋毫是很困难的事,一人听断很难做到尽善尽美,所以必须有良臣时时辅佐,才可以匡正己过。然而谏诤的人,为了表示竭诚呕心沥血,穷思竭虑尽献谋略。如果可以集思广益,尽揽其睿智之语,一定会天下大治。鉴于此,只要于国有利的忠正之言,李世民总是能够放下帝王之尊的架子,俯首以纳之。

贞观初年(公元627年),李世民在谈论他的臣下时,经常会说某某山东人,某某关中人。言下之意,出身关陇集团的人与山东籍的人终究是有区别的。那时由殿中侍御史张行成侍宴,觉得这样的说法不利于皇上笼络山东籍官员共同建设国家,便当场跪下进谏说:"臣听闻天子以四海为家,不当以东西为限;若如是,则示人以隘陋。"李世民听后立即意识到自己说话不恰当,觉得张行成的进言很对,便赐名马一匹,钱十万,衣一袭。"自是每有大政,常预议焉。累迁给事中。"

同年,李世民与黄门侍郎王珪交谈于宴席上。当时在李世民身旁有一美人侍候,原来此美人是庐江王李瑗的爱姬,李瑗谋反被杀,她就被收入唐宫。李世民指着美人对王珪说:"庐江王荒淫无道,阴谋杀害了她的丈夫后就将她占为己有。残暴淫虐的庐江王,怎么会有不灭亡的道理啊!"王珪在离开席位时问道:"在陛下看来,庐江王强行夺取这个美人的做法是对还是错?"李世民说:"哪有杀了人又强取别人妻子的道理!你为什么会问我这种做法对与错?"王珪回答说:"我在《管子》书中了解到,齐桓公到郭国去问郭国的父老乡亲:'郭国因什么原因而亡国?'郭国的父老乡亲回答说:'因为我们的君主喜欢善良的人,憎恨邪恶的人。'齐桓公说:'如果像你们所说的这样,郭国的君主是一位贤明的君主,怎么会发生亡国的事呢?'郭国的父老乡亲接着又说:'不是这样。我们的君主虽然喜欢善良的人们但却不会重用他们,虽然憎恨邪恶的人们但又不会远离他们,所以这才导致国家灭亡了。'"李世民一听就意识到王珪在说自己像郭君一样"善善而不能用,恶恶而不能去",于是就笑而不语。果真如李世民所想,王珪接着说:"庐江王虽然暴虐不道,杀人夫强娶人妻。现在这个妇人就在陛下左右,臣私下还以为陛下认为庐江王的做法是对的。陛下若认为庐江王是错的,就是'恶恶而不能去'。"李世民听着王珪谈古说今,婉转进谏,所说的言论又确实是切中要害,心里万分高兴,连连称赞王珪,于是立刻下令把这个美人送还给她的亲族。

因为李世民经常骑马射箭,大理少卿孙伏伽便上书进谏:"臣又闻天子之居也,则禁卫九重;其动也,则出警入跸。此非极尊其居处,乃为社稷生灵之大计耳。故古人云:'一人有庆,兆人赖之。'臣窃闻陛下犹自走马射帖,娱悦近臣,此乃无禁乘危,窃为陛下有所不取也。……陛下虽欲自轻,其奈社稷天下何!如臣愚见,窃谓不可。"李世民看了孙伏伽的这道上书后龙颜大悦。

贞观中期,李世民派使者前去西域立叶护为可汗,在使臣还没有归朝前又派人拿着许多金银绢帛到西域各国去买马。魏征劝谏说:"今遣派使臣以立可汗为名,可汗还未立成,又派人到西域各国买马,他们一定认为您意不在立可汗一事,而在买马。就算可汗得立,也不会心怀感激;不得立,更会心怀怨恨。西域各国听到这个消息后,将不会尊重我朝。只要使那些国家安分守己,那些国家的马就会不求自到。汉文帝即位时,有人献千里马给他,汉文帝回答说:'我在巡幸祭祀时是日行三十里,行军打仗时是日行五十里,鸾驾在前,属车在后,我一个人独自乘着千里马能到哪里去呢?'于是赏

第二章　跟李世民学纳谏——广开言路,从善如流

献马人路费,让他返乡。汉光武帝时,有人进献他千里马和宝剑,千里马被光武帝用来载鼓车,宝剑被赏给骑士。从陛下的施政来看,已经远远超过禹、汤、周文王,怎么现在又要居汉文帝、光武帝之下呢?还有,魏文帝到西域搜购大宝珠时,大臣苏则说:'如果陛下恩德遍及四海,那不用索求,珠宝自然会来,搜求购得就不足贵了。'陛下就算不景仰汉文帝的崇高品德,那么,苏则的话,不让人思索吗?"李世民见他句句说得在理,为自己考虑事情不周而后悔,于是采纳魏征建议,马上取消去西域买马的决定。

李世民即位后勤于政务,在某种程度上可以说是"兼行将相之事",但与汉高祖委军政于萧曹韩彭又有些不一样。李世民以此为骄傲,但也会有负面作用,张行成退而上书进谏说:"有隋失道,天下沸腾。陛下拨乱反正,拯生人于涂炭,何周、汉君臣之所能拟?陛下圣德含光,规模弘远,虽文武之烈,实兼将相,何用临朝对众与其较量,以万乘至尊,共臣下争功哉?臣闻'天何言哉,四时行焉';又闻'汝惟不矜,天下莫与汝争能'。臣备员枢近,非敢知献替之事,辄陈狂直,伏待菹醢。"李世民颇感信服,于是"深纳之",并命张行成升任刑部侍郎、太子少詹事等职。

还有一件发生在谷那律做谏议大夫时期的事情。那天谷那律跟随李世民去打猎,半路中忽然下起雨来。李世民就问谷那律:"用什么做雨衣才能不漏雨呢?"谷那律却用一句"如果用瓦来做它,一定不会漏的"来婉转地规谏皇上。李世民是何等的聪明,他一听就知道谷那律言语中的意思是要他抓紧回到殿堂中去处理政务。于是不仅没有生气,还欣然地接受了建议,并赏赐五十段帛和用黄金装饰的带子给谷那律。

贞观十七年(公元643年),散骑常侍刘洎发现,李世民每次与公卿辩论古人治国之道时"善持论","必诘难往复"。他认为这样是不对的,便上书进谏:"帝王之与凡庶,圣哲之与庸愚,上下相悬,拟伦斯绝。是知以至愚而对至圣,以极卑而对极尊,徒思自强,不可得也。陛下降恩旨,假慈

颜,凝旒以听其言,虚襟以纳其说,犹恐群下未敢对扬。况动神机,纵天辩,饰辞以折其理,援古以排其议,欲令凡庶何阶应答? 窃以今日升平,皆陛下力行所至,欲其长久,匪由辩博。至如秦政强辩,失人心于自矜,魏文宏才,亏众望于虚说。此才辩之累,皎然可知。伏愿略兹雄辩,浩然养气,简彼缃图,淡焉怡悦,固万寿于南岳,齐百姓于东户,则天下幸甚,皇恩斯毕。"

刘洎谏李世民,建议少与臣下"雄辩"。李世民觉得刘泊所说句句在理,愿意虚心接受,写手诏回答说:"非虑无以临下,非言无以述虑。比有谈论,遂致烦多。轻物骄人,恐由兹道。形神心气,非此为劳。今闻谠言,虚怀以改。"

贞观十四年(公元640年),李世民打算到栎阳行猎。当时任栎阳县县丞的刘仁轨见地里的庄稼还没有收完,便以"现在不是君王顺应天时打猎之机"为由,亲自赶到李世民的行宫,上表恳切劝阻。李世民听闻后,马上停止正在进行的打猎准备,并右迁刘仁轨为新安县的县令。

贞观十年(公元636年),侍中魏征多次以"目疾"为由请求担任散官,辞去现有的所有职务,李世民不得不答应他的请求。尽管这样,魏征依然经常向李世民直言进谏。

聪明绝顶、智慧超群的太子承乾的弟弟魏王李泰为长孙皇后所生,深得李世民的宠爱。贞观十年(公元636年),有人上书李世民,朝中三品以上的大臣都有轻蔑魏王之意。李世民为之大怒,他摆驾齐政殿,召见朝中三品以上的大臣,待他们到达后,就大发雷霆,声色俱厉地说:"我有一句话要告诉你们大家。以前天子就是天子,现在天子就不是天子吗?以前天子的儿子是天子儿,现在天子的儿子就不是天子儿了吗?我知道隋朝的各位侯王、显赫大官以下的人都会被他们捉弄困扰。我的儿子,我当然不会放纵他们骄横无理,而你们怎么能在一起鄙薄蔑视他们!我倘若放纵他们,难道就不可以捉弄困扰你们大家么?"宰相房玄龄等一班文武大臣,闻听皇上谴责,"皆

第二章 跟李世民学纳谏——广开言路,从善如流

惶惧流汗拜谢",只有魏征严肃地进谏说:"臣窃计当今群臣,必无敢轻魏王者。在礼,臣、子一也。《春秋》言,王人虽微,序于诸侯之上。三品以上皆公卿,陛下所尊礼。若纪纲大坏,固所不论;圣明在上,魏王必无顿辱群臣之理。隋文帝骄其诸子,使多行无礼,卒皆夷灭,又足法乎!"魏征这段话的意思是说:"当今朝中的各位大臣,肯定没有鄙薄蔑视魏王的意思。然而在礼义上指出臣子、儿子是同等的。经传上也称帝王身边的人虽然低微,结果地位却排列在诸侯之上。至于诸侯,任他们为公,就只是公;任他们为卿,就只是卿。倘若连公卿都不是,就是在下侍奉诸侯的。现在地位与公卿同列是朝中三品以上的官员,都是天子的大臣,是陛下应该礼敬优待的。纵然他们有小的过错,魏王又怎么能够随便屈辱他们呢?如果国家的法制伦常早已被废弃败坏,那是我所不能知道的。可是在当今圣明的朝代,魏王怎么可以有这样的行为。况且隋文帝不知道礼义,诸位王子被宠爱骄纵,使得他们干出许多无礼的事,不久就会因犯罪而遭到罢黜。王子们不能作为榜样,又有什么值得称赞的呢?"

李世民闻谏后大悦:"理到之语,不得不服。朕以私爱忘公义,向者之忿,自谓不疑,及闻征言,方知理屈。人主发言何得容易乎!"

早在贞观三年(公元629年)时,李世民宣布关中免除两年租税,全国免除一年徭役、租税。不久后又有文书说:已经抽调服役的仍然遣派做服役,已经缴纳租税的仍要完成赋税的任务,其他的明年再合计作为依据准予折算。魏征觉得这一做法非常不妥,因此上书说:"臣下看到了八月九日的诏书,国土之内都免一年的劳役,天下老少欢乐,载歌载舞。听说又有敕令,已经分配服役的,命令服役期满就此折合造册,剩下的物资也远送了结,等到明年一总为其抵折。路经之人对这一做法就感到失望。这样做确实是让老百姓平均分担,如同七子一样。但是天下的百姓都开始为难,已经不够日常生活费用,都以为朝廷追悔前言,朝令夕改。微臣私下还听说,上天辅助

你是因为你讲仁义，人民帮助你是因为你讲信用。现陛下刚刚登帝位，四方百姓都在观察陛下之德。刚刚发出号令，就有了两种意见，使八方之外的人民都心生疑虑，失去永久的信任。即使是国家处于极端困苦危难时刻，也绝对不能这样处事，况且还在稳如泰山的安定日子里，专断实行这样的决定！陛下颁下这样的命令，在财利方面可能会有小小的补益，但在道德大义方面却是极大的损失。臣下可能确实是智谋、见识短浅，私下里替陛下惋惜。但还是希望能够听一下微臣所言，仔细地想想，选择有利之处。即使犯有冒昧之罪，也是臣心甘情愿的。"

李世民读完魏征这封来自山东的奏折，觉得很有道理，哪里还有批驳之意？他知道魏征一心为了山东、河北地区的百姓，为了国家的长治久安，于是从善如流，按前诏行事。

贞观二年（公元628年），魏征迁秘书监，参与朝中政务。李世民驾临九成宫，因为有宫人还京，憩于川县官舍。不久后右仆射李靖、侍中王珪相继到来，讳川县官员让宫人移至别所，而令李靖等住在官舍。李世民知道此事后大怒："威福之柄，岂由靖等？何为礼靖而轻我宫人！"下令要立案审查川县官员及李靖等人。因为此事魏征进谏说："靖等，陛下心膂大臣；宫人，皇后扫除之隶。论其委付，事理不同。又靖等出外，官吏访朝廷法式，归来，陛下问人间疾苦。靖等自当与官吏相见，官吏亦不可不谒也。至于宫人，供食之外，不合参承。若以此罪责县吏，恐不益德音，徒骇天下耳目。"李世民认同魏征的言论，"乃释官吏之罪，李靖等亦寝而不问"。

人非圣贤，即使是君主，在治理天下的过程中仍难免出现错误，怎么能让自己的错误渐少到最低呢？唯一的途径就是求言于臣，让他们充分发表自己的意见，而君主再从大臣的建议中俯首采纳合理的建议。这样大臣认为得到了尊重，会纳谏不倦，长此以往国家就会兴盛繁荣。李世民的聪明睿智，对于管理者有着良好的借鉴作用。

三、对如流之谏心有大智

导言使谏,谏者纷纭,然后才会有"仁者见仁,智者见智"的现象。当问题摆在人们面前时,即使有万千个良臣谋士,如果没有一个人作出决定,最终也成不了事。就好像房谋杜断,缺失其中一个,就无法谈良相佳佐。而决断中的"断"之一字,很是重要。恰当的时候,就需要断者大智在胸,明察秋毫,明辨是非,才可以择良弃莠,最终成就大事业。面对如流之谏,李世民恰恰就是那个自见在胸之人。正所谓"任尔东西南北风",中吾意者就是佳选。

李世民一直把谏官当作身边的"侍臣",经常"有所开说,必虚己纳之"。李世民还会把杰出的谏臣提升到宰相的位置上来,委以重任。例如,王珪做谏议大夫时,认真诚恳,尽职尽责,多次献计进谏,李世民赞叹他说:"卿所论皆中朕之失。"因此提拔王珪为黄门侍郎,贞观二年(公元628年)十二月又进升门下省长官侍中,也就是宰相之一,掌管政令的善与否,进行议论封驳。又例如贞观后期的褚遂良,做谏议大夫时因为直谏著名。贞观十八年(公元644年)九月拜为黄门侍郎,参与朝政,"前后谏奏及陈便宜书数十上,多见采纳"。贞观二十二年(公元648年)九月,任命为中书令,成为李世民晚年最受信任的重臣之一。

我们都知道,谏言与讪谤两个词本来就容易混淆。那时,如果李世民胸无定见,不明是非,误听谗言为良语,肯定会导致小人得志,忠良受到伤害,必定对国家之治不利。

贞观十年(公元636年),治书侍御史权万纪上奏:"有许多银坑位于宣州、饶州群山之中,开采银矿可以从中获得很大的利润,每年可以得数百万贯钱。"李世民回答说:"我贵为天子,从不缺少什么东西。朕只需要采纳合理的建议,鼓励良好的行为,重要的是需要有益于百姓的建议和行为。而且,就是国家余剩数百万贯钱,哪里胜得过一位有才能品行的良臣?没有见你做出什么推举贤者良才之事,又不会检举惩治违法乱纪的行为,或是镇服权要豪门,却只会大谈如何从买卖银坑中抽税而获利!以前尧、舜把璧玉扔进山林,把珍珠投入深谷,他们崇高的声望和美好的名号足以让后世千载所称颂。后汉桓、灵二帝卖官鬻爵,因贪图财利而轻贱礼义,成为近代来有名的昏庸暗昧之主。你是打算把我比作汉桓帝和汉灵帝吗?"当天李世民就下敕令权万纪罢官返乡养老。

　　什么是良言,什么又是无益之谏,对此李世民深明其义。即使能"大获其利",又能怎么样?这毕竟不是治国之本。舍弃其小而取其大,同时还可以兼获美名,李世民隐藏中的智慧,当无人可比。

　　贞观七年(公元633年),蜀王李勣一个妃子的父亲杨誉,在地方上争抢奴婢,都官郎中薛仁方将其拘留查问,还没有来得及处置。杨誉之子当时任职千牛卫将军,在朝廷殿堂上向李世民陈诉说:"五品以上的官吏若不是因为叛逆,不应该给予拘留处置,而且臣父还是皇亲国戚。薛仁方却要在这个问题上横生枝节,不愿意早日作出决断,拖延时日至今。"李世民听说有这样的事发生,很生气地说:"明明知道是我的亲戚,还如此故意刁难。"马上传令下去打薛仁方一百大板,罢免其所任官职。魏征进谏说:"城墙洞里的狐狸和社坛中的老鼠,都是很微小的动物,就是因为它们有所依靠,所以才没有那么容易除掉。更何况是高门大族、皇亲国戚,本来就很难处理。自汉晋以来,这种事情依然不能禁止。在武德年间,因为这样而有很多人骄奢放纵。自从陛下继位以来,这个现象才开始减少。薛仁方既然只是履行自己的职责,想为国家执法守法,又怎么能因此对他滥加刑罚,让外戚的私欲得以助长呢!如果这个先例一开,各种事端就会竞相产生,您日后必定会后悔,那时想要改变就会难上加难了。自古以

第二章 跟李世民学纳谏——广开言路,从善如流

来,能禁止杜绝外戚骄横霸道的,只有陛下您一人。治国为政的基本道理是防备料想不到的事情发生,怎么可以因为还没有横流的水,就想毁掉自己的堤坝呢?我私下里就是这么认为的,不一定就是十分可行的。"

李世民忖度片刻后说道:"确实如你所言,我之前没有想到这一层。但是薛仁方没有申奏就妄自囚禁皇亲国戚,很是专权擅势,虽然不应该治他重罪,也应该对他稍加惩罚以示警戒。"于是传令打薛仁方二十棍后就赦免了他。

魏征可以说是谏臣中的英杰,每次说出的金玉之言,都是切中要害。然而尽管如此,李世民也并没有因为这样就一味迷信魏征所言,而是取舍参半。从中可以发现,大智之君,应该会对是非持有一己独到之见,只有这样才能明善恶,并一折臣心。

贞观元年(公元627年)七月,李世民见公卿以享国久长之策,萧瑀的建议是实行分封制,他用"三代封建而久长,秦孤立而速之"的历史,提出了"封建之法,实可遵行"的建议。李世民很是赞同,欣然地采纳。但是刚一提出分封制,就遭到了魏征、李百药多人的反对,他们在贞观二年(公元628年)上书指陈分封的弊病。

魏征主要是从经济、军事等方面论述了分封诸侯是不可施行的。礼部侍郎李百药上书反驳"世封事",他觉得"运祚修短,定命自天",如果现在将三代的分封制推行出去,只会造成"纪纲驰紊"。他还指出:"封君列国,藉其门资,忘其先业之艰难","易世之后,将骄淫自恣,攻战相残,害民尤深,不若守令之迭居也"。然而李世民并没有采纳以上劝谏。

贞观十一年(公元637年)六月,李世民颁发诏令,实行世袭刺史的制度,实质上也就是诸侯分封制。此诏一颁出,马上引起了更多人的反对。太子左庶子于志宁"以为古今事殊,恐非久安之道,上疏争之"。侍御史马周也上疏,分析了世袭刺史的诸多弊端,他指出:"傥有孩童嗣职,万一骄愚,兆庶被其殃而国家受其败。"长孙无忌等人也不愿意受封世袭刺史,于是也纷纷上表反对。在大臣的谏诤下,李世民最终还是放弃了分封制。尽管是因为对分封制认识不够确切,决定了其先立后废的结果,但在这个过程中,李世民的态度仍然是决绝的。那就是,自己若认为是正确的,就会下定主意,不会轻易被谏言迷惑。在模棱两可之间能作出决定,也是十分重要。犹豫不定,一定会误事。然而一旦有了清醒认识,就是已经作出决定但又不固执偏拗,此亦为一智。对于李世民来说,定与不定,并不是由颜面来决定,只是因为考虑国之危安,思考得要更深,考虑得要更远!

上面的事例也清楚地告诉了我们,只有博学,才可以做到兼听。李世民深深地知道自己才智有限,所以想要成就治道,就必须要努力地去学去问。贞观二年(公元628年),他强调说,"为人大须学问"。除了询问政务外,他还十分注意读书学习。他说:"人之读书,欲广闻见以自益耳。"为了学习自古以来所有的治国道理,他特地命令魏征等编纂《群书治要》。书编著完成后,李世民细心阅读,在《答魏征上〈群书治要〉手诏》中说:"朕少尚威武,不精学业,先王之道,茫若涉海。览所撰书,博而且要,见所未见,闻所未闻,使朕致治稽古,临事不惑。其为劳也,不亦大哉!"李世民还阅读过大量的其他书籍,如《尚书》《诗经》《礼记》《论语》《史记》《汉书》《汉纪》《中论》《哀江南赋》《晋书》《北周书》《北齐书》《经典释文》等等,并且能从中得出有益的教训来,以此作为治理天下的依据。就好像他自己所说:"贞观以来,手不释卷,知风化之本,见政理之源。行之数年,天下大治。"一直到晚年的时候,他仍然是十分重视学习,说:"人虽禀定性,必须博学以成其道。"由此可以看出,李世民正因为对自己有深切认识,才能做到谨慎地勤于"学问",终使"自治者明",虽容纳百川却仍然是自有定见,向世人大展一代帝王之风。

李世民即位时,住的仍然是隋朝的旧宫殿,大部分都已经十分破旧。按照以往的惯例,新王朝的君主都是要大兴土木的,另外建造新宫。李世民并

第二章 跟李世民学纳谏——广开言路,从善如流

没有这样做。贞观二年(公元628年),有人奏请李世民修殿,李世民说:"朕如果按你们奏折上说的去做,实在要耗费太多的财物。从前汉文帝打算建造露台,但因为舍不得耗费掉相当于当时十户人家财产的费用,就取消了这个建造露台的计划。朕的德行还不及汉文帝,而耗费的财物却比他要多很多,怎么能够称得上是一个作为百姓父母的君王的为政之道呢?"当时,虽然公卿大臣们再三坚持奏请,李世民却始终没有答应这件事。

开国之初,李世民十分注意勤俭节约。他深刻认识到节俭的重要性,不顾别人多次重复奏请,矢志不移。然而,遗憾的是,当社会经济开始好转之后,他在思想上却放松了警惕,最终导致了其定见由良向恶转变。

贞观四年(公元630年),李世民有想法东巡洛阳,于是就下令修复洛阳宫,以备巡幸。一些朝中大臣上书谏阻,李世民仍坚持要修乾元殿:"前几年因为国家经济不景气,所以没有修善,现在国家形势大有好转,为什么不能修呢?"李世民始终固执己见,大臣们拿他也是毫无办法。就在这时,给事中张玄素上疏谏诤,言词非常的激切,可以说是在虎口拔牙。最终李世民还是在叹息声中,无奈地打消了修造洛阳宫殿的念头。

既想做一个明君,让李氏的江山代代相传,又不想放弃享受安逸奢华——两种念头在脑中的激烈交织,使李世民的定见似有飘摇。然而,因为脸面,不想要落得骄奢之名、拒谏之意,于是李世民只好将奢欲藏在心中,仁善美名扬了!

兼听则明,有明方可兼听。作为人主,只是常听臣言,如果一无定见,必定会一无可成之事。更有甚者,如果像三国的刘禅,就会一味地受人左右、欺辱,被人愚弄。长此以往,亡国之忧肯定为时不远,自己也会被后人所笑话。李世民则是明而博学,主见在胸,用己之明咄咄逼人,让人既畏且敬,既让自己获得美名,又让国家得到实惠。唯有自己心明而且有定夺,才能驭天下于股掌之中。笑到最后的,不用说肯定是李世民了。

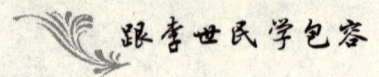

四、不计态度,虚己纳言

　　一个国家,若是有进谏不畏惧犯颜的臣子是很难得的事,更难得的是有纳谏还不计较态度的国君。如果二者能同时并存,那更加是难能可贵了。然而前者是大量存在的现象,又是以后者的存在为先导的。因此,贞观时期,诤谏之风蔚然,谏臣们敢逆龙鳞的勇气固然可敬,更深层的原因则在于李世民的虚己纳言。忠言固然是逆耳的,可是有利于行。因此,只要进谏得合情合理,即使进谏人直接予以面责,李世民也会强克己怒,只求做到不以为忤。他一直坚守所奉行的原则:"其义可观,不责其辩;其理可用,不责其文。"他知道有容乃大的重要意义,为了社稷安危的"大",稍稍克制一下自己的情绪,既得实惠,又显出雅量,何乐而不为呢?

　　有一段时间里,李世民号召群臣上封事,于是群臣一哄而起,纷纷上封事,唯恐落后。不用想也会知道,有些人根本拿不出什么好意见。李世民十分生气,要处分其中的一些人,魏征便上奏说:"上古时,尧舜为治理好国家,在交通要道上树立木牌,为了方便人们在上面写对政治的意见,被称为诽谤之木。他们之所以这样做,就是想知道自己的过失。今日的封事,或许就是谤木的遗风吧。陛下想要知道自己在政治上的得失,只能允许人们畅所欲言。如果说得对,对朝廷有利,说得不对,也不影响国家的政治。如果仅仅因为有人说得不当就对其治罪,以后还有谁敢向陛下反映实情呢?"李世民认为魏征所言很有道理,于是对所有上封事的人都加以慰勉,才让他们离去。

　　就是因为魏征一向敢于直言,而且措辞尖锐,丝毫不留情面,使得李世民对他也有几分敬畏。作为封建帝王,有谁能自觉地约束自己不追求

第二章 跟李世民学纳谏——广开言路,从善如流

享乐?一方面想着如何戒除奢侈豪华,励精图治,使国家更加富强;另一方面又想纵情于声色犬马中,享受人生的安逸乐趣,即使是英明有为如李世民也难以完全"战胜自我"。他有时也想放松自己,好好地游玩一番,却很怕魏征又来批评,每次想要行动的时候只好又止住了。一次,李世民想去南山游历,都准备好车马了,就是迟迟没有动身。魏征正好从家中扫墓归来,听说了此事,就去问:"听说陛下要去游历南山,为什么迟迟还不去呢?"李世民笑了笑说:"的确是有过这个想法,但是因为怕你说不是,所以又决定不去了。"

李世民在长孙皇后病逝后思念不已,在苑中筑起高台层观,为了可以遥望长孙皇后的陵墓昭陵。贞观十年(公元636年),李世民引导魏征同登层观,让魏征遥望昭陵。魏征四顾观望了,故意回答说:"恕臣老眼昏花,没有望见什么。"李世民开始时没有明白魏征这句话的用意,用手指示了方向,令魏征再次观看。魏征说:"臣以为陛下望献陵(唐高祖李渊陵墓),如果是昭陵,则臣已经见着了。"李世民立即反应过来,魏征是以这种方式责怪他不遥望父亲陵墓,而整日遥望昭陵思念已故皇后,因此拆毁层观,怆然泣下。

贞观六年(公元632年),李世民在丹霄殿宴请宰相大臣们时说:"人言魏征举止疏慢,我视之更觉妩媚。"就是说魏征不仅敢于犯颜直谏,而且还善于直谏,讲求进谏的方式方法和客观效果。在魏征面前,李世民很注意约束自己的言行举止。魏征苦谏时,有时也会遇上皇帝震怒,但他仍然神色不移,正词直谏,李世民也不得不收敛自己的怒容。

贞观十一年(公元637年),李世民想修建洛阳飞山宫,魏征特地进上疏说:"炀帝恃其富强,不虞后患,穷奢极欲,使百姓困穷,以至身死人手,社稷为墟。陛下拨乱反正,宜思隋之所以失,我之所以得,撤其峻宇,安于卑宫;若因基而增广,袭旧而加饰,此则以乱易乱,殃咎必至,难得易失,

可不念哉！"魏征这篇言论，论述了江山得失，李世民一经提醒不由大为诫惧，于是强捺住自己的奢侈想法，下令停止修缮洛阳宫。

贞观六年（公元632年），唐朝战胜平定了匈奴，远方的异族开始入朝进贡，吉祥的征兆也在一天天出现，五谷也是连年丰收。州府大吏等多次请求李世民能够到泰山举行封禅大典，各位大臣也跟着称颂述说李世民治国安民的功德，认为"时机不可错过，上天的旨意不可违抗，现今举行封禅大典，我们还认为已经太晚了"。于是，李世民就召集群臣在两仪殿开会，商讨封禅事宜。他为征求大家的意见故意以退为进，大意是说最近多次有奏表，请求举行封禅大典仪式，而自己却认为封禅只不过是一种形式罢了，无足轻重，因此还是觉得不封禅为好。

有些大臣们立时都站起来表态，他们恭维道："皇上的功德不仅远超过秦始皇，而且也超过了汉文帝，甚至都超过了尧舜禹汤，当然是可以封禅的。"难得有这么一个可以表忠心的机会，大家肯定都不会错过的。他们想尽各种理由，只为给李世民封禅一事搭桥铺路。

李世民听着大家一再恳请，感觉火候已到，正打算要顺势答应下来的时候，魏征站了出来。李世民心里很不舒服，脸上却并没有表示出来，装作很平静地说："卿认为该怎么样做呢？从开始到现在你还一言未发呢。"魏征答道："臣以为封禅之事没有必要。"李世民说："我希望你可以直截了当地说出自己的意见，不要有什么隐瞒忌讳的。你觉得不能举行封禅大典的原因是我的功绩不高吗？"魏征回答道："功绩固然高。"李世民又问道："那是我的德行不厚吗？"魏征答道："德行也固然厚。"李世民问："那难道是天下还没有治理好吗？"魏征答道："也治理好了。"李世民问："难道是每年五谷不丰登吗？"魏征答道："也丰登了。"李世民于是很不解地问道："既然是这样，那为什么我不能举行封禅大典？"魏征回答说："陛下的封禅大典，万邦首领都要来集会，远方蛮族的酋长，也要随从左右。

第二章 跟李世民学纳谏——广开言路,从善如流

封禅大典是要把蛮族迎到我们的心脏地,况且皇上还是往东边的泰山去举行封禅,各国前来参加盛典的使者也都会向那里聚集,遥远边地的人们也会跟着急速前来。可是,现在从伊水、洛水的东面到东海、泰山,这中间各处草木丛生,大泽遍布;路途千里茫茫,百姓稀少,炊烟断绝,鸡鸣犬吠的声音都听不到。道路荒凉,前进后退都是非常艰难的。怎么可以招引那些异域的外族人来,这是要向他们展示我朝的虚弱吗?即便是竭尽自己的财力来赏赐他们,也恐怕满足不了那些远方来人的欲望;即使朝廷增加免除赋役的年份,也不能补偿百姓为封禅所付出的劳苦。"

魏征觉得皇上毕竟还是有雅量的,于是又很大胆地就李世民自认为的"功高德厚"直言进谏了:"虽然陛下功业高,但是百姓觉得受到的恩惠还不够多;德行虽然厚,但恩泽还没有遍及全国;中原虽已是太平之世,但物资还不足以供封禅大典;外邦小国虽然已经表示臣服,但朝廷现在还不能满足他们的要求;虽然多次出现祥瑞,但仍要以刑罚治国;年成虽然好,但国库粮仓还是空乏。"

魏征又用启发的口气说:"我无法用遥远的事物来作这个比喻,暂且就近借用人作个比方吧。某人在十年间长期患病,难以忍受,经过治疗后疾病刚愈,只剩下皮子包着骨头。在这种身体条件下,却想着背一石米,日行百里路,肯定是很难办到的。隋朝的祸乱是不止十年的,陛下作为治疗这个多次遭遇祸乱的国家的良医,解除了它的疾苦。虽然通过治理也使社会达到安宁,但还是很不充实。这个时候向天地祭告成功,我自己觉得很是疑惑。"魏征的一席话,说得李世民心悦诚服,大臣们也都面面相觑。在一阵沉默之后,李世民说:"帝王的贤明与否,并不在于是否封禅。如果百姓们不富足,外族也频频入侵,就是举行了封禅的礼仪,也与桀纣没有什么区别吧。封禅之事,就到此为止吧。"

李世民为了爱惜民力,让自己的李唐江山相传万年,极力克制住了自

己的虚荣心，断然摒弃了可以实现自己君临天下的满足感的封禅事宜，虽然那是他向往已久的。李世民的克己之道，足以见得功夫之深。同时，这种克己之道，也使他最后免去劳民伤财之苦，迎来了太平盛世。

贞观十四年(公元640年)，司门员外郎韦元方给禁中给使(宦官)过所稽缓，给使上奏了这件事，李世民大怒，令韦元方出任华阴县令。因为这件事，魏征进谏说："帝王震怒，不能白白地生气。前为给使，遂夜出敕书，事如军机，谁不惊骇！况宦者之徒，古来难养，轻为言语，易生患害，独行远使，深非事宜，渐不可长，所宜深慎。"李世民闻言，又强行克制住自己的怒气，接受了魏征的这一建议。

就算三岁的孩童都有自尊之心，普通上司要想听取下属批评，都得颇有雅量。贵为天子的李世民，尽管每次想纳言利国，但是面对臣下的数落、刺耳的批评，又有几个人可以做到不怒？正所谓忠言逆耳，李世民也有怒不可抑之时。然而最终，他还是每次都强行按捺住了自己的怒气，终成大业。忍之道，其涵也广，其利亦多。

五、从谏如流招来直言纳谏

"恐人不言,导之使谏",因为李世民的极力倡导,贞观时期的谏诤之风蔚然。上至宰相御史,下至县官小吏、文官武将、太子乃至后宫妃嫔,都敢于对朝廷事务发表言论,对李世民的举措提出批评。一时间,"房杜王魏之徒,议可否于前;天下四方之人,言得失于外"。这个场面,可以说是"前无古人,后无来者"。也使得李世民无须独运聪明于上,就可以得到天下大智之功,借智为智之道,终见奇效。为什么说谏诤之风蔚然,这是有很多表现的。在朝内,李世民曾把"极言无隐"看成是"协力同心"的表现。因此,谏诤之风盛行也就是必然的事情了。房玄龄毕生的精力都在佐命匡弼,临终前夕还念念不忘直言切谏。杜如晦"共掌朝政",功绩卓越。病故后,李世民表彰他"同心辅朕","君臣义重"。王珪则是以激浊扬清而闻名,李世民赞叹说:"卿若常居谏官,朕必永无过失。"魏征更是谏臣的楷模,李世民对他说:"近代君臣相得,宁有似我于卿者乎?"总之,君臣上下,齐心一致,群策群力,各种问题都会处理妥当,各种矛盾也会获得协调,这就为促进长治久安的局面奠定了政治基础。

盛行在下臣之间的谏诤之风,影响了太子、宫妃。在他们身上,这种风气的影响力显得更为深刻有意义。"贿不明而纳谏",在贞观时期,已经成了一种习性,或者更甚一点地说,是一种惯性思维。长孙皇后力救诤臣魏征之谏的事情可以说是流芳千古,在此我们不能不予一提。

贞观元年(公元627年)三月,有一次李世民退朝后,心中非常不高兴,进入后宫后就怒气冲冲地对长孙皇后说道:"必须杀此田舍翁!"长孙皇后见他如此震怒,便急忙问他是因谁而动此大怒。李世民于是说,魏征每次上朝总是会侮辱他,在朝廷大众面前多次伤他的面子,搞得他总是下不来台。长孙皇后听了以后,忙回寝宫换了一身朝服,穿戴整齐后肃立在殿堂,坚持长跪不起。李世民惊问其故,长孙皇后说:"我早有听说主明臣直,现在魏征能够直言,是因为您英明伟大的缘故啊,我敢不祝贺吗?"几句话说得颇有策略,既肯定了魏征的刚直,更颂扬了李世民的英明。李世民由此转怒为喜,那个直言进谏的臣子魏征也终得转危为安。一场凶险就这样在无形之间被化解,长孙皇后之谏可谓有回天之力。

李世民是以武起家,对马总有着一种特殊的感情。有一次,他得到一匹骏马,对之十分钟爱,将它放到宫中饲养。可是这匹马却莫名其妙地失踪了,谁也不知道它去了哪里。李世民非常生气,迁怒于养马的宫人,并下令要杀掉他。长孙皇后规谏李世民说:"过去有位齐景公因为马死了要杀人,晏婴便历数养马人的罪过说:'你养的马死了,这是你的第一条罪状;让国君因为马的死而杀人,百姓听说这个消息后必定埋怨我们的国君,这是你的第二条罪状;诸侯听到这一消息后,必然轻视我们的国家,这是你的第三条罪状。'听完晏婴的讽谏,齐景公马上赦免了养马人的罪。皇上读书时经常见到类似的故事,怎么现在又忘了呢?"听了长孙皇后的一番话,李世民的怒气才稍有舒缓。冷静下来之后,他不由对房玄龄感叹道:"皇后处理事情,对我真是颇有启发啊!"在后宫嫔妃中,徐贤妃也是一位不可多得的红颜良佐。李世民晚年想要兴兵征伐辽东,贤妃徐惠就曾极力地上书劝谏。虽未被李世民采纳,但其见识和勇气尤为可嘉。从她的身上,也可以看出贞观谏风影响之深远。

太子李治冒颜犯上之谏,更是谏风昭然局面影响下的一个典型的事例。贞观十八年(公元644年),李世民因故要斩执掌宫苑的西监,高宗李治当时还只是太子,却立即大胆顶着冒犯上颜的危险进言劝谏,李世民的怒气才得以消解。司徒长孙无忌说:"从前,皇太子的规谏或许总是趁空隙时

第二章 跟李世民学纳谏——广开言路，从善如流

间慢慢地说。今天陛下发这么大的怒气，太子却犯颜进谏，这种情况实在是古往今来没有发生过的。"李世民说："是啊，人们经过长期相处，自然会沾染上对方的习性。自我即位以来，就虚心接受正直的批评，所以才有魏征朝夕进谏。魏征去世以后，又有刘洎、岑文本、马周、褚遂良等人继之。皇太子从小在我跟前，经常会看到我从内心里喜欢那些直言进谏的人。耳濡目染，习以成性，所以才有今天他也敢直言冒犯劝谏的表现。"

在贞观谏风的影响下，更难能可贵的是，连一个小小的地方官也敢于说出自己的意见。栎阳县丞刘仁轨是个小小的八品官，他反对李世民在秋收大忙季节出去打猎，要求把狩猎时间改在冬闲的时候进行。敢于违背李世民的心意，以国家的得失为念，以小小县丞之职犯上进言，如果没有一朝朗朗之谏风，又何以若此！

李世民采纳进谏之人的建议，而且重加赏赐，对那些不正确的建议也不加以责难，这种风气开创了历史的先河。在李世民虚怀若谷、纳谏如流的气度感染之下，许多对进谏持观望态度的人也开始积极参与进谏，甚至连那些平时以明哲保身作为为官之道的老官僚也开始积极言事。裴矩是其中变化最大、最有代表性的一个。

裴矩作为隋朝旧臣，在隋朝历任民部侍郎、黄门侍郎等职，执掌朝中，隋炀帝视其为心腹大臣。裴矩看到隋炀帝好大喜功，作为重臣不但没有积极规谏，反而投其所好，极尽穷侈极奢之能事。他进献给隋炀帝《西域图记》三卷，纵容隋炀帝四处巡游，建议隋炀帝在公开场合夸耀自己的富有以满足其内心的爱慕虚荣，鼓励隋炀帝广费民财、连年征战以满足其好大喜功的心理。然而这么一位无所谏诤、只知悦媚取容的前朝佞臣，自从入仕唐朝以后却发生了惊人的变化。不但不再进献谗言，反而逐渐关心国事，积极上书为国献计献策。

贞观之初，李世民致力于整肃吏治，查办贪官污吏。为了试探出官员是否廉洁,他还派人暗中行贿,果然就有人上当,受贿财物。有司门令史受绢一匹,李世民就下令斩首。裴矩反对李世民,说:"此人接受贿赂,按照罪名应该重诛。但是陛下用财物试之,就是陷人以罪,即行极法,恐怕不合劝导德化、遵循礼仪的道义。"李世民想了一想,觉得此话也有道理,于是对百官说:"裴矩在隋朝的时候,总是顺着皇帝的意思说话,入我朝竟然能直言,不肯做面从。如果每次遇到事情都是这样,天下何忧不治?"对于这件事,司马光有过如下的评论:"古人有言,君明臣直。裴矩佞于隋而忠于唐,并非是他的本性有所改变。君恶闻其过,则忠化为佞;君乐闻直言,则佞化为忠。由此可知,君是标尺,臣是影子,标尺移动则影子随之而动。"

通过裴矩在隋唐两朝的表现,就可以看出李世民时期的谏诤之风是何等的深入人心。人们有很大的从众心理,进谏的人越多,跟从的人愈众;从者愈众,谏者也会增加。如果经过几次这样的良性循环,无须劳神督促,谏诤就可以随处可见了。

贞观时期谏风蔚然的景象,可用吴兢的一段话来概括:"容人之谏,又导人而使之谏;非惟不怒人之谏,又赏人而使之谏。故一时之臣,非特大臣能谏,小臣如皇甫德参无不谏也;非特内臣能谏,外臣如李大亮无不谏也;非特文臣能谏,武臣如尉迟敬德亦无不谏也;非特廷臣能谏,宫妾如充容徐惠亦无不谏也。贤臣而能谏,固也,佞臣如裴矩亦谏焉。中国之臣能谏,固也,夷狄之臣如契苾何力亦谏焉。"

贞观十一年(公元637年)七月,李世民曾在"手诏"中进一步提出:"夫为人臣,当进思尽忠,退思补过,将顺其美,匡救其恶,所以共为治也。"就这样,君臣上下集思广益,各种情况都会了解得比较全面,各种问题也会考虑得比较周到,最终一些有益的政令措施得以"顺其美",得到贯彻执行,一些有害的政令措施能够"匡救其恶",得到及时改正。"共相切磋",

第二章 跟李世民学纳谏——广开言路,从善如流

集思广益,终致天下大治。

君主必须要有匡正规谏的大臣来指正他的缺点过失,同样地,作为臣属的也要听政决断。臣子作为大唐国家政务机器的中转环节,他们业绩的好坏,直接影响到皇室安危。李唐江山广及四海,仅仅有位明君,没有贤臣,谈论天下大诏就好像是梦人呓语。克己纳言,早已让李世民尝到了纳谏甜头,此时不由生出了一条驭臣良策,就是令臣受谏。通过臣属的"耳目肱股",监之、束之、正之、励之。为了让君主为明君,臣子们多数也都是良臣,共同建筑太平盛世。因此,李世民在要求大臣对自己进谏的同时,也一再殷殷疏导大臣们要诚心受谏。

贞观元年(公元627年),御史大夫杜淹有一次上奏:"臣害怕朝廷各部门的文案会发生混乱丢失的情况,请陛下令御史到各部门进行检查验对。"李世民就这个问题征求了封德彝的意见。封德彝回答说:"设官分职,各自都有自己的执掌范围。如果真的发生了差错或丢失,御史当然应该要纠查检举。可是如果御史都到各部门去普遍搜查、找毛病,那也太繁杂琐碎了。"杜淹一时说不出话来。李世民问杜淹:"你为什么不坚持自己的想法,跟封德彝争论一下呢?"杜淹说:"天下的事务,大家都应当是出于公心的,好的意见就应该听从。封德彝说得很对,我从心里感到服气,所以不敢再反驳他。"李世民非常赞赏杜淹的这种态度,他很高兴地说:"你们如果人人都能做到这一点,我还有什么值得忧虑担心的呢?"

贞观五年(公元631年),李世民对房玄龄说:"自古以来,帝王君主大多是放纵情性、喜怒无常的。喜悦时就随便赏赐无功的人,愤怒时就会任意杀害无辜的人。国家遭受损失、造成混乱,总是与此密切相关。我现在从早到晚无时无刻不把这件事放在心上,常常希望你们可以尽心诚意地极力劝谏。你们也要接受别人的规谏,不能因为别人的话语不符合自己的心意,就立即庇护自己的短处而不虚心纳谏。倘若自己都不能接受别人的劝谏,那又怎么能够去劝谏别人呢?"李世民出言殷殷,是希望大臣们能多听取他人意见,臣属之间也应该多有些探讨。这样,借助他人的批评,才能够弃恶扬善,避免工作失误,或是减少错误,国家机器的运转才会畅通、顺达。有鉴于此,李世民每次都语意深殷、相机而言,这样臣属又如何能够不念之切切?

贞观三年(公元629年),李世民曾对司空裴寂说:"近来,有的臣下上书奏事,条款都列得太多,我总是将它们粘在屋壁上,以便进进出出的时候能观看反省。我之所以这样勤勉却不知疲倦,是想详尽地了解诸位大臣们的心意。我每次一想到国家的治理,总是不能平静,有时到了三更才上床就寝。我也希望你们孜孜不倦地用心思考,可以和我的心意相一致。"

"不能受谏,安能谏人?"自己能够从善,然后方能劝君以善;自己能够闻过就改,其后才能匡正君主的过失。能接受人谏之人,才能成为一名合格的谏诤之臣。李世民多次劝臣下受谏,不仅使其政务得以畅通,又使其能更好地向自己进谏,此举可以说是一箭双雕。

六、诚心换忠谏

"事危则志锐,情迫则思深。"李世民亲眼看到过隋炀帝的失败,在总结历代王朝兴亡的经验的时候,"惟知之深,故惧之"。他真真切切地认识到,只有君臣相协,下情上达,做君主的方能明察四方;相反,只允许报喜不容报忧,会使天下人缄口,这只是掩耳盗铃,肯定会落得宗社倾败的结局。就好像后人赵翼评论的那样,李世民此时已经"深知一人之耳目有限,思虑难周,非集思广益,难以求治,而饰非拒谏,徒自召祸也"。

然而,李世民也深刻认识到在封建时代,皇帝拥有着至高无上的权力,批评皇帝的做法叫做"犯龙鳞"。封建君主的自尊心就是逆鳞,而臣下的直言进谏最容易触犯君主的自尊心。因此,历代虽然设有谏官,但殿堂上总是鸦雀无声。李世民也十分理解臣下的这种处境和心情,所以他认识到,只有扫除大臣们在这方面的思想障碍才可以鼓励他们直言进谏,让他们毫无顾忌地对皇帝提出批评和建议。于是,他选择了向大臣明示他的意途的做法,多次向臣下申明,自己决不会像隋炀帝那样做出滥杀谏臣的事情。相反,对直言进谏者,他只会加以勉励,决不会施以处罚。正是由于李世民每每"导之使谏",看到君主殷切的诚意,臣僚们也就乐于开口了。魏征有感而言:"陛下导臣使言,臣所以敢言。若陛下不受臣言,臣亦何敢犯龙鳞、触忌讳也。"

贞观六年(公元632年),韦挺等人上封事非常合乎李世民心意,李世民召见他们,并"设宴为乐"。畅饮的时候,李世民说:"我看过自古以来做臣下的为君尽忠的故事,如果能够碰上贤明的君主,就应该要尽诚规谏。至于关龙逄、比干等人,却免不了被杀。可见做皇帝不容易,做大臣的也很难处世。

我还听说,龙可以驯服,但是因为喉下有逆鳞,所以不能触犯。你们不必害怕犯忤之危,各进封事。若能经常这样,我还何必担忧国家会败亡呢?"

李世民曾经问过谏议大夫褚遂良:"在遥远的古代,虞舜制造了漆器,大禹雕镂祭祀用的器具俎,当时规谏虞舜、大禹的就有十几人。有关装饰盛食物用的器皿这些小事,何以需要苦苦规谏?"褚遂良说:"雕琢器皿会伤害农业生产,织造丝带会伤害妇女的身体。首先开创了奢侈淫逸之风,就是国家危亡的开端。漆器不断发展,必定会用金来做装饰;金器不断做下去,必定会用玉来做装饰。所以忠正的诤臣一定会在事情开始时加以劝阻。等到错误百出,就没有必要再规谏了。"李世民听了,深以为然,说:"你说得很对!我所做的每件事,如果有不正当的,不管是才开始,还是早已结束,都应该要进言规谏。我近来阅读前代的史书,有的臣子向君主进谏,君主就回答说'已经办过了',或者说'已答应过了',实际上却不愿意停止并去改正自己的错误。这样下去,国家危亡的灾祸就会像翻转手掌那样很快到来。"

贞观十六年(公元642年),李世民对房玄龄说:"自知者明,而能够做到这一点确实很难。写文章的人和从事技艺的人,都自以为出类拔萃,他人比不上。如果著名的文士和工匠,能够互相批评、指正,那么文章和工艺的拙劣之处就能够显现出来。由此看来,君主必须有匡正规谏的大臣来指正他的缺点过失。君主日理万机,一个人听政决断,虽然忧虑劳碌,又怎能把事情全部处理妥当呢?朕常常思考,遇事时魏征随时都能给予指正、规谏,且多切中失误之处,就像明镜照见自己的形体,美丑一下子都能显现一样。"于是举杯赐酒给房玄龄等人,以资鼓励,意思是要他们向魏征学习。

贞观十五年(公元641年),李世民发现议论时政得失的大臣们变少了。对此他深怀忧虑,于是他问魏征:"近来朝臣们都不论事了,是什么原因呢?"魏征回答说:"如果陛下能虚心采纳,应该会有人能提出意见的。但是古人说过:'没有获得君主的信任而进谏,那君主就以为是诽谤自

第二章 跟李世民学纳谏——广开言路,从善如流

己;获得了君主的信任而不进谏,那就是人们说的尸禄其位。'然而每个人的才能器识都是各不相同的,所以他们的想法和表现也会不同。平庸怯懦的人,即使有忠诚正直之心,也不善于进谏;被皇上疏远的人,又担心不被信任,也没有机会进谏;一心想保全自己禄位的人,担心会危及个人的身家性命而不敢直言进谏。所以大家都会不讲话,马虎应付,过一天是一天。"李世民说:"的确像你刚才讲的。我常常这样想,做臣子的想进谏,就会害怕遭受死亡之祸。如果做皇帝的总是怪罪直言进谏的人,那做臣子的批评他的过失,跟跳油锅、赴战场又有什么不一样呢?忠诚正直的大臣,并不是不想竭忠进谏,是因为竭忠进谏是极难做到的。所以当舜帝请大禹讲直言时,大禹下拜,难道不就是因为这个原因吗?我现在开怀纳谏,虚心接受大家的批评。你们不必为害怕受到处罚而不进言进谏,我决不因为你们进谏而怪罪你们。"

贞观十七年(公元643年),魏征病逝,李世民亲自为魏征制碑文。后来他对侍臣说:"夫以铜为镜,可以正衣冠;以古为镜,可以知兴替;以人为镜,可以明得失。朕常保此三镜,以防己过。今魏征殂逝,遂亡一镜矣!"并下诏令说:"昔惟魏征,每显予过。自其逝也,虽过莫彰。朕岂独有非于往时,而皆是于兹日?故亦庶僚苟顺,难触龙鳞者欤!所以虚己外求,披迷内省。言而不用,朕所甘心;用而不言,谁之责也?自斯已后,各悉乃诚。若有是非,直言无隐。"他号召大家以魏征为楷模,要直言进谏。正是在李世民的疏导之下,魏征去世后,又有刘洎、岑文本、马周、褚遂良等人效之而谏。他们对当时政治的兴革献计,起到了十分重大的作用。李世民还曾多次公开引导大臣谈论自己的过失:"朕今发问,欲闻己过,卿等须言朕愆失。"这也是群臣敢犯颜直谏的原因。

贞观十八年(公元644年),李世民对太尉长孙无忌等人说:"人臣对于帝王,多数只是顺从而不敢抗逆,只用甜言蜜语来取得皇帝的欢心。我今天发问，不得有任何隐瞒，要按着次序一个个讲我的过失。"这也就给了大臣一个匡正其过失的机会。他还告诉大臣们说："朕既在九重，不能尽见天下事，故布之卿等，以为朕之耳目。"贞观二年（公元628年），李世民与群臣论治，就阐明了"人君必须忠良辅弼"的道理，竭诚希冀"君臣上下，各尽至公，共相切磋，以成治道"。

贞观三年（公元629年）十二月，在讨论《论语》经义时，孔颖达提醒道："若位居尊极，炫耀聪明，以才陵人，饰非拒谏，则下情不通，取亡之道也。"李世民听了"深善其言"。为了避免重蹈亡隋的覆辙，他特别强调"朕虑千虑一失，必望有犯无隐"，希望大臣们能够踊跃谏诤。

由此看来，有了李世民的积极倡导与虚心纳谏，才有了臣僚们纷纷直言的生动局面。"诸臣之敢谏，实由于帝之能受谏也。"若讨论君臣间的上下关系，君处于矛盾的主要方面。君明，臣易直，敢于提意见，不怕犯逆鳞；君昏，臣难直，稍谏即怒或杀，何人更敢直言？只有"导之使谏"，才能广开言路，收"天下大治"之效。

四方之人，言得失于外；进思尽忠，冒颜犯上，无非就是为了匡君之恶，顺君之美，以致天下太平。作为一代明君，李世民对此深为明了。因此，在贞观年间，对上书劝谏有功之人，李世民经常会给予各种各样的物质奖励和精神鼓励，调动了群臣谏诤的热情。他深知人人皆要面子，厚赏而使大家站出来说话，必定会让大家兴奋起来，从而竭其心、耗其神，心甘情愿地为自己所驱使。

李世民赏谏的事，史书上多处都有记载，厚赏孙伏伽就为一例。贞观初年（公元627年），有个叫元师律的人被判死罪，司法官员孙伏伽进谏说："根据法律，此人不该处死，怎么可以滥加酷罚呢！"李世民听了之后，觉得孙伏伽提醒得对，就赐给他兰陵公主园，价值百万钱。有人说：孙伏伽所谏的只是平常事，奖赏太丰厚了。李世民则认为，即位以来，就没有过这样的谏诤,所以特给重赏。

贞观七年(公元633年),李世民打算巡幸九成宫,散骑常侍姚思廉进言规劝说:"陛下高居在皇位,应该救济天下的黎民百姓,使自己的欲望服从百姓,而不应当让百姓来服从陛下的欲望。远离皇宫到别的地方去巡游和猎乐,这是秦始皇、汉武帝所做的事,却不是唐尧、虞舜、夏禹、商汤所愿意做的。"姚思廉的批评深切而尖锐,言辞也十分恳切,李世民于是向他解释道:"我有气疾,天气炎热的时候病情就会迅速加重,所以并不是内心真的喜好游玩。"但是李世民知道姚思廉的用意是好的,为了感谢他的诚意,就赏赐了五十段帛给姚思廉。

太常卿韦挺经常上书李世民,陈述政教得与失。李世民写信给他说:"朕看了你的意见,感到言词十分中肯,言词、道理都很有价值,对此朕深感欣慰。从前春秋时期齐国发生内乱,管仲有射齐桓公衣钩的罪责;晋国发生蒲城之役,晋文公有被勃鞮剑斩衣袖之仇。然而,齐桓公小白并不因此而怀疑管仲,晋文公重耳对待勃鞮却依然如故,这难道不是出于对'犬不咬其主,事君无二心'的考虑吗?"他又说:"您的真诚之意从奏章之中我都可以看得出来。你如果保持这种美德,一定会留下美名;如果中途懈怠,岂不是很可惜!希望你能够始终勉励自己,为后人树立楷模形象。这样后人视今人如楷模,就像今人视古人为楷模一样,这不是很好吗?朕近来没有听旁人指正朕的过失,朕也看不到自己的缺点,全靠你竭尽忠心,多次向朕进献嘉言,以此沃我心田。这种感激之情,是一时无法用言语可以表达完的!"

贞观元年(公元627年),李大亮转任交州都督,不久,升太府卿,出任凉州都督,"以惠政闻"。后来,李世民派一名使臣到李大亮任都督的凉州境地去办公务,这位使臣发现那里有非常好的猎鹰,并且知道李世民十分喜爱打猎,就提示李大亮捉一些献给皇帝。李大亮是一个对大唐忠心不二的虎将,在几次对抗匈奴的战争中都作出了贡献,他对这个提议很反感,于是给李世民上奏表请示说:"陛下可能已经很久没有打猎了,来我州的使者要求我向陛下进献猎鹰。如果这是陛下的想法,就大大违背陛下过去的旨意;倘若是使者自作主张,就是使者用非其人了。"李世民回了一封信给李大亮说:"由于你兼有文才武略,胸怀坚贞刚强的志向,所以我委任你为边陲重镇的长官,担当如此重任。近来,你在凉州镇守,声威业绩远扬边陲。我每念及你的忠心与勤勉,睡觉都无法忘记。使者劝你进献猎鹰,你没有曲意顺从,引用古代的事情来论述今天,从遥远的地方进献忠直之言,披露了你的真心诚意,非常恳切周到。我读完了你所上的奏章,赞许感叹之情,久久不能自已。有你这样的臣子,我还有什么忧虑!我希望你坚守这样的忠诚,始终如一。"

李世民对魏征的直言敢谏给予充分的肯定。在一次宴席上,李世民说:"贞观以前,跟随我平定天下,在动乱的年代历尽艰难,房玄龄是立了大功;贞观以来,纳忠进谏,纠正我的错误,为国家谋求长治久安之计的则只有魏征。即便是古代的名臣,又有谁能超过他们呢?"李世民亲手将身上的佩刀解下,赏赐给二人。他还曾经问大臣们:"魏征和诸葛亮相比,谁更贤明?"岑文本回答说:"诸葛亮才兼文武,出将入相,这一点不是魏征可以媲美的。"李世民说:"魏征从仁义上出发,辅助我治国安邦,想让我成为尧、舜那样的圣君,这方面即便是诸葛亮也不能与他相比。""德懋懋官,功懋懋赏",何况恳切之谏,素有回天之力,李世民又何乐而不赏?

忠言往往逆耳,面对逆耳的忠言谏言,李世民采取的不是随声附和然后弃之脑后的敷衍态度。他用诚心采纳谏言,对逆耳的直谏,用赏赐等方法表达自己的赞赏。群臣因此当然会更加积极谏言,国家也在不断的修正中最终实现了大治。

第三章

跟李世民学隐忍

—— 韬光养晦,潜伏爪牙

古语有云:忍字头上一把刀。能够做到隐忍,需要承受很多的痛苦,付出更多的努力。唐太宗李世民深知忍字中所蕴藏的奥秘,才学会了韬光养晦,为李唐江山的长治久安打下严实的基础,为其"一代明君"美名的流芳百世提供了前提。

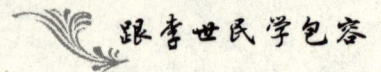

一、忍一时之低，为日后夺位奠基

忍是一种态度，更是一种美德。李世民是一个非常自信的人，他了解自己具备帝王的资格，但要想登上帝王之位，路途遥远而艰辛。因此为了日后登基，他早就决心隐忍不发。

经过多次的征战，李世民劳苦功高，早已声名远播。如果说在入主长安之前，李世民与其兄（也就是太子李建成）的地位、权力还是基本相当的话，经过统一战争的胜利后，李世民的才能越来越突出，已经大有功德盖过李建成的趋势。李建成被立为太子后，基本上都是伴随其父左右，辅助朝政，相比较之下，是功绩平平。因此，随着李世民日渐高涨的功劳和威望，作为太子的李建成不由自主地越来越恐慌。尽管根据古代立储以长的原则，自己已经被立为太子，但是世事难料，谁又知道日后的一切会是怎样的安排呢？若想日后登基，功高盖主的李世民无疑是自己面临的一个最大的威胁。

其实，对李建成来说，这种危机感或许早已存在。在进行统一战争的时候，李世民每获得一次胜利，都无疑是在进一步拉大与李建成之间功名高低的距离。这样，二人在心理上的距离也是越拉越大，隔阂对峙便也愈益深重。

武德四年（公元621年）七月，李世民得胜班师回朝。因为他在建立李唐政权、消灭敌对势力、完成全国统一的征战中立下显赫战功，同年十月，李渊以李世民原来的旧官衔不足以称之为由，重新表徽号以表彰其勋德，颁诏令加"天策上将"，陕东道大行台，位置在王公以上；再增封邑二万户，赐给金辂轿一乘，衮冕衣服和黄金、玉璧、前后部鼓吹、九部乐、

第三章　跟李世民学隐忍——韬光养晦，潜伏爪牙

班剑四十，权势不比太子低。这无疑更加大了太子李建成对李世民的妒恨。同时，又由于天策府可改属官，李世民乘机大肆招才揽士。根据史实记载，当时天策府计有长史、司马各一人；从事中郎二人；军咨祭酒二人；典签四人；主簿二人；录事二人；记室参军事二人；功、仓、兵、骑、铠、士六曹参军各二人，参军事六人。就这样，天策府实际上成为李世民在军事上的顾问决策机构。除此之外，李世民又以"海内浸平"，设立"文学馆"，招揽四方文士，著名的"十八学士"就是在当时形成的。"诸学士并给珍膳，分为三番，更直宿于阁下。每军国务静，参谒归休，即便引见，讨论坟籍，商略前载。预入馆者，时所倾慕，谓之'登瀛洲'。"就这样，文学馆便又成了李世民在政治上的顾问决策机构。李世民的羽翼日渐丰满，在功业上又是声名远播，从心理上来说，让李建成为储君、继皇位，他肯定是不满意、不服气的。"聪明英武，有大志"，不甘居于人下的李世民必然会感到委屈进而产生争夺皇位的野心，那些跟随他出生入死的谋士勇将也会对李建成执政功高不赏而产生忧虑，必然会鼓动李世民争夺最高统治权。李建成仅仅只有长子的身份，才因此居嗣君之位，他的功德比不过李世民，因此他不能不对李世民生出嫉妒和戒备之心。

看到势力日盛的李世民，李建成心忧如焚，于是他也开始抓紧时间培植自己在朝堂上的政治势力，好方便日后与李世民争夺皇位。李世民当然也是不甘示弱的，越来越大张旗鼓地培植自己的私人势力，这样一来，双方之间的矛盾和争斗就日趋公开化、自然化了。他们在争取后宫嫔妃、朝廷大臣和地方的势力上展开了激烈角逐，为了应对日后的变数，都大力培养自己的军事力量。在长达四年之久的明争暗斗之后，武德九年（公元626年），已经形成了势不两立的局面。

刘文静是李渊父子起兵时的坚定跟随者，立有大功，而刘文静最欣赏的人就是李世民，可以说刘文静和李世民私交甚好。唐朝建立后，唐高祖

李渊封刘文静为纳言,而裴寂则被任命为尚书右仆射,二人官职均相当于宰相。然而,刘文静在唐朝的仕途中却一路坎坷。在浅水原被薛举战败后,李渊认为刘文静负有不可推卸的责任,免掉了刘文静的官职。后刘文静虽复职,但他却因酒后乱语,被诬陷为有谋反之心,被李渊下令处死。李世民看情况对刘文静不利,便对李渊说:"晋阳起兵前,刘文静先定非常之谋然后告知裴寂。大唐建立后,却和裴寂待遇悬殊,刘文静确实心有不满,但儿臣担保绝无谋反之心。"然而,在武德二年(公元619年)九月,李渊依然以谋反罪将刘文静处死。这位才略过人、身经百战的大唐开国元勋,无论如何也想不到自己竟会以谋反之罪被诛。

此时的李世民非常清楚,父亲李渊之所以坚决杀掉刘文静,谋反只是个幌子罢了,真正的原因是刘文静是自己的心腹。由于李世民在四处征战的过程中笼络了大批贤才,力量很快发展壮大,甚至可以和太子相提并论。李渊除掉刘文静就是怕功勋显著、才略过人的刘文静和实力强大的李世民结成同盟,会对太子构成很大的威胁。虽然了解了这些内情,但李世民却没有当面表达,在明知求情无望的情况下,只好保持沉默。

在李世民与李建成的争斗过程中,三弟李元吉是和太子李建成站成一边的。究其原因,主要是李元吉认为太子为人宽厚,将来一定好控制。李元吉甚至也有过夺位之心,心里认为"但除秦王,取东宫如反掌耳"。所以,他经常与李建成联合,一起谋划加害李世民。

一日,李渊带着三个儿子去山中狩猎。李元吉故意给李世民一匹胡马说:"此马性子刚烈,只有二哥你才可以驾驭。"李世民从马上掉下来三次,但都不曾受伤,于是就说:"真是生死由命,富贵在天。胡马又怎么会伤到我?"于是李元吉就到李渊面前歪曲事实说:"秦王自称天命有归,不知道置父皇于何地?"李渊爱妃张婕妤也被李建成收买了,这时她附和

第三章 跟李世民学隐忍——韬光养晦,潜伏爪牙

说:"秦王三次坠马,自夸受命于天,将做天下之主,人力岂能奈何?"李渊勃然大怒,责备李世民说:"天子当然是有天命,这不是人力所能求得的,你又何必急成这样!"李世民听到这句话,急忙惊恐谢罪。这时刚好突厥大举进犯,为了抵御贼寇,李渊于是就"改容劳勉世民,命之冠带,与谋突厥"。

李世民虽然逢凶化吉,但是他也深深感到自己与李建成之间已是"猜嫌益甚",兄弟间难以相容;同时,又因为"功高震主",早已经被李渊猜忌和防备,他不由自主地深感自危。但是,时机又还没有成熟,不到万不得已之时,他只有忍耐、再忍耐,能屈能伸,才可以成为大丈夫。等到能伸之日,他必定要"伸"得彻彻底底,扬眉吐气!李建成此时更为焦躁不安,对于他来说,一日不定其位,自己就一天心神不得安宁。在急切的心情之下,他竟趁李渊出宫避暑打猎的机会,命令庆州总管杨文干起兵谋变,同时又命令郎将尔焕、校尉桥公山送兵甲给杨文干,并命二人同时起兵接应。谁知二人走到半路的时候,竟然害怕惹祸上身而向李渊请罪。李渊听到之后极为震怒,遂派李世民带兵前去讨伐太子,并许诺了废建成而立其为太子之言。李世民迅速出兵平定了杨文干,然而李渊却在裴寂、齐王和宠妃张、尹二妃的游说下,改变了主意,收回了诺言,甚至还将罪责全部推至东宫中允王珪、左卫率韦挺等人身上,说是他们为使兄弟不和挑拨离间,从而让李建成等人可以安全脱身。

这件事发生之后,李建成与李元吉更加猖狂,他们多次设计想要除掉李世民,以绝心头之患。一次,李世民跟随李渊共赴齐王府第,李元吉就埋伏护军宇文宝于寝宫内,想要乘机刺杀李世民。因为李建成忌讳李渊在场,担心谋事不成反而招来杀身之祸,此事方才作罢。

还有一次,李建成与李元吉假意与李世民和解,夜召李世民前去东宫赴宴,谁知"饮酒而鸩之,世民暴心痛,吐血数升"。最后还是由李神通扶回,方终免一死。这样一来,已经形成"一山难容二虎"的局面了,一场新的血腥之战可以说是势不可免。但也是由于李世民的隐忍,为了让自己的势力更加强大、等待好的时机,否则李建成也不会活到现在的。

　　暂时的忍让为李世民换来了无数人的尊重和追随,这些人为后来他成就帝业发挥了不可估量的作用。当然,隐忍不发并不代表甘当垫脚石,隐忍是为了寻找最好的时机。李世民精通张弛之道,最终成就帝业也就在所难免。

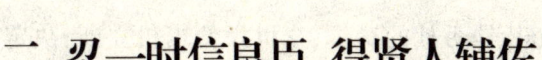

二、忍一时信良臣,得贤人辅佐

李世民曾经说过一句话:"君臣相疑,不能备尽肝膈,实为国之大害也。"为了团结君臣,为了朝廷的凝聚力,李世民容忍各方势力参与朝政,并在容忍中用诚心去对待他们,结果无数贤人都心甘情愿辅佐李世民。

魏征在这一点上认识得非常深刻。贞观十四年(公元640年),魏征曾上书李世民,指出:"任之虽重,信之未笃,则人或自疑。人或自疑,则心怀苟且。心怀苟且,则节义不立。节义不立,则名教不兴。名教不兴,而可与固太平之基,保七百之祚,未之有也。"又说:"待之不尽诚信,何以责其忠恕哉!"上下同心则国治,上下相疑则国死。明白了这个道理,李世民便对群臣巧施"诚信"二字,对大臣推诚以任、以诚相待,甚至对有过仇恨嫌疑的人,也不胡乱猜忌,所以臣属们对他大都竭忠尽职,忠贞不二。

在"信"这一个字上,房杜二人应当为首选。他们可以说是李世民的开国元勋,在李世民执政之后,二人"房谋杜断",拨乱反正,理政治国,共同建立了各种各样的规章制度,使得李氏政权的社会秩序逐步稳定走上正轨,并最后带来了"贞观之治"的盛局。正因为这样,李世民对他们二人大加重用,多次委以要职。于是就引起了其他老臣的猜疑。

贞观三年(公元629年),监察御史陈师合上《拔士论》,说"人之思虑有限,一人不可总知数职",实际上就是对房玄龄、杜如晦职权过高提出异议。而李世民与房杜相处的时间颇长,对他们的为人与才能亦是了如指掌。他知道,如果自己因为这件事而对二人有所猜忌,必定会使二人心不自安,很难再全力以赴地大胆开展工作,也肯定会让二人的威信受到损伤,进而国家大政方针的制定和推行都会受到影响,甚至还会因此而中断。于是，为了打消大臣们尤其是房杜的疑虑，李世民便当机立断，决定对陈师合予以合理的法律制裁，将之"流于岭外"。这样处置陈师合，说实话真的有欠公允。因此，大理寺郡戴胄就表示出了反对意见，而李世民则回答说："朕以至公治天下，今天重用玄龄、如晦，并不是因为二人是秦府勋臣旧人，而是因为二人是真正的有才能的人。陈师合此人对这事妄加毁谤，上书想离间我君臣间的信任。"于是"任如晦等，亦复如法"。李世民这样的做法，可以说是思虑颇深。封建时期是以人治政，人才的得失事关国家的兴衰。倘若因一次进言，便贸然相疑，一定会使人不自安，又怎么还能将所有的心思放在治国上呢？尤其是房杜这样的大功臣、重臣，倘若都遭到了怀疑，不仅国家政务会受到影响和损失，也肯定会让其他大臣人人自危，难以安心地为国效力。李世民是如此的精明，自然不会施行这种因小失大的举措。不仅仅是这样，为了确保江山稳固，他甚至还不惜抛却公之一字，将陈师合无端流放，只为了安房杜等人之心。陈师合若能体察到李世民此心，也就不枉成为封建王朝的牺牲品了。

尉迟敬德，原来是刘武周大将。柏壁一战，与寻相等人举城投降于李世民，不久寻相等人又相互叛唐而去。诸将怀疑尉迟敬德也一定会叛乱，于是将他囚禁在军中。唐将屈突通、殷开山等人认为，敬德降唐没有多长时间，情志还没有完全依附，既然已经被猜疑，肯定会生怨望之心，留之下来必贻后患，请李世民马上下令杀了他。但李世民并不赞同这种意见，他认为，敬德要想叛逃，不会在寻相之后。于是下令把敬德释放，并引入卧内，赐以金宝。李世民对尉迟敬德说："丈夫以意气相期，勿以小疑介意。寡人终不听谗言以害忠良，公宜体之。必应欲去，今以此物相资，表一时共事之情也。"这番话让尉迟敬德感动得涕泪涟涟，立即下拜说："大王如此厚待，敬德并非木石，岂能无情，愿以死效命，不敢受赠。"

数日之后，李世民与尉迟敬德共率五百骑兵在洛阳城外观察地形，自

第三章 跟李世民学隐忍——韬光养晦,潜伏爪牙

立为郑国皇帝的王世充忽然率领步骑万余来围困,情况危急。王世充的部将单雄信擎槊直奔李世民,尉迟敬德见状,忙跃马向前,横槊拦住单雄信,保护李世民,一边作战一边撤退。直到唐将屈突通率大军赶到,才转危为安,击败王世充。这件事后,李世民对尉迟敬德说:"你对我的报答,真是太大了!"从此,二人结下了生死友谊之情。人心换人心,李世民对尉迟敬德是推诚相待,使臣子深为其义气所感动,从而对他也越来越忠心耿耿。

长孙无忌可以说是贞观盛世的头号重臣,他不仅对建立李唐王室功劳卓著,又是李世民之妻长孙皇后的哥哥。鉴于他的功勋和能力,李世民"内举不避亲",对他予以重任。也是因为他的权力太重,总是引起一些人的猜忌。贞观二年(公元628年),有人密奏李世民说:"长孙无忌身为外戚,如果权力过重,恐怕会有外戚之患。"李世民从不这么觉得,为表示自己对长孙无忌的充分信任,甚至还将奏折拿给长孙无忌看,并且还向他申明,自己与他"君臣间无事相疑"。后来,在临终的时候,他还亲召长孙无忌与褚遂良前来,将太子托付给二人,并对太子说:"有无忌和遂良在,你就不必担忧如何治理天下了。"由此可以看出,李世民对长孙无忌的信任是不一般的。既然李世民这般信任自己,长孙无忌又怎么会不感恩戴德,又怎敢让皇上有所失望?就这样,李世民死后,长孙无忌依然是一片赤胆忠心,屡献良策。他为了保住李唐江山,不为言使,不为财动,到最后被小人诬陷而死,都没有背叛李唐江山,没有辜负李世民对他的信任。

由上述事件的临终托孤,我们也可以看出李世民对他的另一名大臣——褚遂良的信任。也正因为这样,在李世民死后,褚遂良也为大唐拼死努力。在李治欲废皇后、更立武则天的时候,褚遂良为了皇室安危,誓死力争,也因此险遭杀身之祸。他能为大唐献上一片赤胆忠心,不可不归结为李世民对他无比信任之功。

贞观十一年(公元637年),李世民任命王珪为礼部尚书并兼任魏王李泰的师傅。李世民对尚书左仆射房玄龄说:"自古以来帝王的儿子都是生于深宫之中,到成年以后没有不骄纵淫逸的,因此才一个接一个垮台,很少有能自己摆脱这种结局的。我如今严格教育自己的子弟,希望他们都能安全。王珪长期以来都是在为我效力,一向是我信任的人,我从内心里知道他性情刚直,既忠且孝,所以才选他为魏王的师傅。你可以告诉魏王李泰,每次面对王珪的时候,就如同见到我一样,应当尊敬,不得怠慢。"李世民对王珪的信任和敬重的深度,可以说是溢于言表。王珪当然也不会辜负李世民所托,他不仅在做了李泰的老师后处处为人师表,受到群臣的称赞,在朝议论朝政时,也屡进直言,为李世民纠正了不少处理政务上的偏失之处。善恶、忠奸如冰炭之不可同器,近君子就一定要远小人。要做到群臣之间以诚相待,信而不疑,就必须防佞杜谗,才可以开切直之路。因此,"斥远群小,不受谗言"便成为李世民收揽贤才的一项重要措施。

贞观初年(公元627年),有人上书请求清除奸佞之臣,李世民对这位大臣说:"我所任用的都是贤人良士,你怎么知道谁是奸佞之臣呢?"那人回答说:"为臣住在乡野民间,不能确切地知道究竟谁是奸佞之臣。请陛下假装发怒去试验群臣。如果不怕陛下的雷霆之怒,仍能直言规谏的就肯定是正人君子。如果顺从逢迎的就一定是奸佞小人。"李世民说:"水流的清浊取决于它的源头之泉。国君就如同朝政之源,人民就好像水流。国君都作假却想使臣下正直,这就像源泉混浊而希望水流清澈一样,这从道理上是说不过去的。我时常因为魏武帝的多疑好诈而非常讨厌他的为人处事,如果都像魏武帝那样,又怎么去教化人民?我想让信义推行到全国,不想用伪诈之行来破坏这个社会风气。你说的办法虽然是好的,但是我却不能采纳。"

第三章 跟李世民学隐忍——韬光养晦,潜伏爪牙

李世民还曾经对房玄龄和杜如晦说过自己对妒忌良臣的小人的想法,他说:"在朕看来,自古以来,那些能顺合天意并且带来天下太平的君主,都是因为有大臣们的得力辅佐。近年来,朕为听取各级官吏对治国的建议而广开言路。然而,那些上书启奏密事的人,却个个都是在诬告各个地方的官员,毫不足取。朕历数前王,若有君王怀疑臣子的,就会下不能上述,这样又怎么能够求得尽忠之臣呢?然而无识之人,就只会进谗诋毁之能事,破坏君臣关系,确实有损国家的利益。从今天起,如果还有谁上书密奏,攻击别的官员的小过失,就按照谗言诬陷罪处罚他。"就在这个时候,恰巧有人控告秘书监魏征有谋反之意,正好撞到了枪口上。李世民以自己对魏征的深刻了解,根本就不相信,于是他说:"过去魏征是我的仇人,但是因为他忠于职守、尽心办事,我才提拔重用了他。现在这些人怎么能胡乱地就对他加以诬告呢?"于是,对这一秘告,李世民根本就没有给予查问审理,反而按诬告反坐的罪名,将诬告者处以死刑。对奸佞之臣依法严惩不贷,同时对正直的臣属信任不疑,这样不仅笼络了大臣之心,还杜绝了谗害忠良之风的出现,避免了窝里斗的现象,使国家的治理得以平稳地向前推行。

对于归附自己的降将,李世民同样地推心置腹,不轻易加以猜忌,使之心甘情愿地为李唐王朝出生入死,效犬马之劳。大将契苾何力原来是位突厥皇室子孙,后随第降唐,并攻打吐谷浑。薛万钧曾经歪曲事实,向李世民大进谗言,诬陷契苾何力不忠,李世民则不予以轻信。一直等到契苾何力归来,问清楚了详细的情况,才知原来薛万钧所说的纯属子虚乌有。因此,李世民对契苾何力更加信任。在与薛延陀交战时,因为思念家乡,契苾何力想回家探亲。此时,他所属的部落有归降薛延陀之意,他坚决不同意,并割耳发誓要对李唐王室尽忠尽效。当时外界不知具体情况,因而发生谣传,乃至许多大臣都认为契苾何力一定已经叛变。可李世民却始终坚守对他的信任,后来契苾何力果真归来。在了解了李世民对他的态度之后,契苾何力对李氏家族愈发忠心,以至于在李世民弥留之际,他竟请求杀身殉葬。经过李世民的严词拒绝,才最终作罢。由此也不难想象,当驰骋于疆场时,契苾何力又会怎样心怀赤诚之念,在大唐江山洒上一腔热血。以心换心,以诚换诚,李世民因为用人不疑,臣下心甘情愿为其所用。一个诚信之情,可以说是杀伤力极强。

作为封建帝王,李世民的"诚"只不过是他笼络人心的一种策略罢了,究其最终目的,也不过是着眼于李唐江山的长治久安。更何况,这种所谓的信任也只是一种有限度的信任罢了。甚至有时候,李世民竟会利用这一个信字,施加以一系列迂回曲折的手段,来保证皇室的稳固发展。

李勣原来是李世民的一员武将,他曾为李世民南征北战,立下了赫赫战功。贞观十七年(公元643年),晋王李治被立为皇太子,李世民任命李勣担任太子詹事兼东宫左卫率,加位进爵,同中书门下三品。这样李勣就列名于宰相,参议朝政。李世民告诉他说:"我儿子才刚刚被立为太子,你原来就是他的并州都督府长史,现在要把辅助东宫的重任委托给你,所以才有了这个任命。虽然从品阶和资望上说委屈你了,你可不能计较这些。"有一天李世民与部分大臣们在一起喝酒,又对李勣说:"我准备将孤幼嘱托给你,想了想没有比你更合适的人选了。以前你都丝毫不背弃李密,现在又怎么会辜负我!"李勣被李世民的如此信重感动得涕泗横流,发誓永不相忘君臣大义,一定会竭诚奉国,而且还咬破自己的手指,以血明诚。一会儿李勣喝醉了,李世民还脱下自己的衣服给他盖上。李世民知道李勣是重义气讲义气的人,因此以义结之,更会加强他的忠君奉国之念。然而,到了临终的时候,李世民却又心生疑惑,总是担心太子驾驭不了李勣,反而会被他所劫持。于是,为了让李勣对太子也忠贞不二、俯首听命,他便抛弃了以前"以至诚治天下"的做法,采取了"权谲"手段告诉

第三章 跟李世民学隐忍——韬光养晦,潜伏爪牙

太子李治说:"李勣很重义气,是个感恩戴德的人,但你对他却没有任何恩情。我现在要把他贬出朝廷,我死了之后,你应该马上把他调回朝廷,任命他为仆射。他既然蒙受了你的恩德,一定就会尽全力辅助你。"于是李世民就让李勣出任叠州都督。唐高宗李治即位后,当月,就召拜李勣为洛州刺史,不久又加开府仪同三司,同中书门下三品,参与掌管机密。不出一年,又册封李勣为左仆射。李勣不知就里地念着故主之恩,又开始为新主竭虑尽忠。李世民的最后一招不能不说是既精明又阴险,以致于历代史学家都为之不耻。宋史学家范祖禹对这件事就曾加以评论,他说:"太宗以李世勣为何如人哉!以为愚也,则不可以托孤幼而寄天下矣;以为贤也,当任而勿疑,何乃忧后嗣之不能怀服,先黜之而后用之邪?是以犬马畜之也。夫欲夺其心,而折之以威;欲得其力,而怀之以恩,此汉祖所以驭黥彭之徒,徂诈之术也。"

要想使贤臣才士安其位,竭尽其忠,充分地发挥自己的才能,关键还是在于统治者要推诚相见,任之以专,信之以坚,不被谗言所迷惑。只有这样,君臣才能够通力上下,国家才会长治久安。因此,李世民多次施以诚信,以换赤忠之心。也正是因为李世民在奸佞小人谗言贤臣的时候,忍住了一时心头的怒火,冷静地思考了臣下平时的为人,才可以做到用人不疑,为李唐江山的富贵奠定了基础。

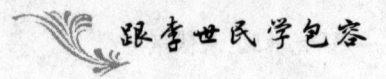

三、忍一时之痛，选立良储

皇位继承制度一直都是历代统治者极为关心的问题。能否选好接班人，事关社稷安危和政权存亡。太子，又称之为储君，是未来皇位的继承者，是保证封建王朝世代得以延续的最重要的人事安排。太子的选立，直接关系到政权的连续性和稳定性。正如汉代礼学家叔孙通所说："太子，天下之本，本一摇，天下振动。"因此，在皇位继承人的选定问题上，各朝各代统治者没有不予以高度重视的。

自嫡长继承制确立以来，"立嫡以长不以贤，立子以贵不以长"便成为确立君主继承人的法定准则。但是影响皇位继承的因素却有很多，历史上"舍嫡立庶"、"舍长立幼"的现象经常会发生。特别是当太子不贤、不是理想的储君人选的时候，太子的废立问题就会成为一件大事。不幸的是，李世民恰恰陷入了这个立嗣的重重困扰之中。

武德九年（公元626年）八月，李世民即位。同年十月，依照皇位世袭立嫡以长的原则，李世民立李承乾为太子，那时李承乾才八岁。幼年的承乾聪明机敏，非常讨李世民喜爱。又因为对立储的重视，为了加强对太子的教育，李世民为李承乾广觅名师，从各方面对其加以指点。为了培养他的实际执政能力，还有意地安排他处理一些不是非常重要的政务。李承乾还是有一些听政决断的能力的，李世民对他也比较满意。然而遗憾的是，太子的优越地位和在生活上的有求必应，让李承乾逐渐染上一些坏习气。随着年龄的增长，他越来越贪图于享受，开始为所欲为，喜好游戏淫乐。尽管他的老师尽心教导，但他却依然如故，最终导致老师灰心而去。贞观七年（公元633年），李世民不得不为李承乾另觅名师。考虑到承乾

第三章 跟李世民学隐忍——韬光养晦,潜伏爪牙

虽然有过失,然而年轻,可塑性还比较大的,李世民认为只要有名师指点,总可以匡正过失,于是就物色了中书侍郎杜正伦为太子的右庶子。李世民还特意指出:"太子生长深宫,百姓艰难,耳目所未涉,能无骄逸乎!卿等不可不极谏!"李世民设身处地地为李承乾着想,可以说是用心良苦矣。

然而,太子李承乾的生活方式却并没有因此而往正确的方向扭转。"及长,好声色,慢游无度"。尽管父亲李世民一世英明,母亲长孙皇后也是见识不凡,尽管拥有严师的训诫,但这都弥补不了他自出生以来的巨大缺陷。无比尊贵的储君地位、散漫的生活习性,渐渐地让李承乾染上了凡事奢侈、喜爱漫游的纨绔邪气。他不畏惧群贤,甚至还制造假象愚弄朝臣。他还总是文过饰非,巧言应对,使得许多执政大臣开始时都以为他是十分贤明的,根本没有察觉到他的劣迹。李承乾的侈纵败德愈演愈烈,在政治上也开始迅速下滑。他"宠溺宦官,常在左右",而且还亲小人、远贤臣,不听劝谏,只是一意孤行,并且一味嬉戏废学,终发展至武嬉,由武嬉最后导致乱国。他还说:"使我有天下,将数万骑到金城,然后解发,委身思摩,当一设,顾不快邪!"

李世民早就有所察觉到承乾的劣迹,"过恶浸闻",但他仍然是一再任命当时有声望的人物为其辅佐。而且他们每次对承乾有所规谏时,李世民都一定会厚赐金帛,想要以此励太子之心,但承乾却傲而不悛。就是因为这样,李世民逐渐减少了对李承乾的宠爱。尽管是这样,李世民并没有生出废掉太子的思想。因为太子的废与立,关乎到国体,涉及的层面极大,不能随意地作出决断。然而,亲近小人、饰非拒谏、喜好声色、以武嬉国,这种种的事情,与李世民的治国之道都已大相径庭。在心灵的深处,李世民对李承乾的宠爱已经被深深的厌恶所取代。在他看来,承乾如果这样发展下去,恐怕是难以承担继承皇位的重任的。自己苦心经营的"贞

观盛世"如果交到承乾手里,恐怕也难以继续维持。因此,李承乾的太子地位在李世民心里已经开始发生了动摇。与此同时,魏王李泰在当时颇受美誉,渐渐地取代了李承乾而受到李世民的喜爱。李世民对他的接班人早已产生了深深的疑问,废承乾立泰之意在他心里悄然滋生。但是,太子废立涉及的层面很大,它关系到朝廷内外的政治形势和各种政治势力的消长。因争夺皇位而引起的宫闱喋血、朝臣分党,甚至还会引发兵变、政变的事例,充斥于史册。因此,李世民不得不慎重地考虑一下。

此时的李世民对立储一事早已是忧心忡忡。他一心想扶植承乾,可是承乾又太不争气;他想立魏王李泰,但是朝廷重臣中又没有人响应。为了避免政局动荡,他只得旁敲侧击,小心地加以试探。贞观十三年(公元639年)八月,李世民问大臣:"当今国家什么事最急?"大臣们纷纷表态,有的说最急之事是安抚百姓,有的说是镇抚四方。一时之间,众说纷纭,李世民却一直默然不语。这时,谏议大夫褚遂良潜察出李世民的意思,说道:"今四方无虞,唯太子、诸王宜有定分最急。"李世民终于点头称是,他说:"这句话说得对。我年近五十,自己也已经感觉到身体在衰老,力不从心,精力懈怠。我虽然已经让长子在东宫守护国家的重器,但我的弟弟和庶子的数目将近四十,我常常在这件事上忧虑。自古以来,嫡长子和庶子如果都没有好的,何尝不会导致家与国的败亡呢。你们要为我搜寻访求贤德的能人,用来辅导太子,兼及诸王,要让贤良的人士做他们的师傅。"李承乾被立为太子已经十多年了,与诸王各自的身份也早有定制,可是李世民今天却又向大臣明示其意,将诸王定分之事说成是当务之急。所以,李世民一面要表现出他在太子问题上没有什么犹豫,立承乾为太子的决心没有变;另一面也要把自己的难言之隐暗示给大家,那就是虽然承乾是太子,可是太子不学好不成器这已经是公开的秘密,所以他又一再地强调为太子寻找好的辅佐。于是他又任命魏征为太子太师,为了表示重

第三章 跟李世民学隐忍——韬光养晦,潜伏爪牙

视,用来"绝天下之疑",并一再申明绝不会擅废太子。

在太子李承乾迅速堕落的过程中,为了保证李唐政权的长久,李世民果断地把皇家的希望转移到他的四儿子魏王李泰身上。李泰是长孙皇后的次子,也是李承乾的胞弟,贞观十年(公元636年)被封为魏王。李泰年幼时聪敏绝伦,特别善作诗文,成人后又爱好经籍、舆地之学,深得李世民的欢心,因此得宠。又因为李承乾恶迹日彰,失望之余,李世民对四子李泰的爱日益明显。

心理上对某个儿子的偏爱,肯定会导致待遇上对诸子的厚此薄彼。李世民对魏王李泰的偏爱让李承乾等人预感到自己岌岌可危的处境,于是便想密谋做出冒险的抉择,企图发动宫廷政变,胁迫李世民放弃废立太子的决定或逼李世民退位。然而李承乾等人的举动很快就暴露了,在证据确凿的情形下,李承乾及其党羽构成谋反未遂罪。汉王李元昌被赐死,侯君集以下也都被斩杀。李承乾因系太子,减死为流放,废为庶人,徙放黔州,两年后死去。太子党的政变阴谋宣告破产。

贞观十七年(公元643年)四月,李承乾被废黜,李泰、李治作为长孙皇后亲生的嫡次子,都有资格继立储君。李泰的条件比较优越,他比李治年长九岁,手下有一批党羽觉得对其有利的是他已获得了李世民的"宠异"。李承乾被废后,李泰装出一副殷勤侍奉李世民的媚态,又用肉麻的言辞极力向李世民讨好。李世民被他的巧言所惑,于是"阴许立泰"。然而,李泰为太子之位上蹿下跳,眼看就要成功,更加不择手段去欺骗李世民,结果引起了大臣的反感。著名大臣褚遂良就当面提醒李世民前车之鉴,提出了"伏愿审思,无令错误也"的警告。当时褚遂良和以前的魏征一样,有着很重要的话语权。除了褚遂良外,当时的重臣长孙无忌等人也坚决反对,并提出立晋王李治为太子。

李泰欲益反损,这却在无意中成就了晋王李治。既然李泰已经不符合那些重臣之意,在别无选择的时候,他们就会很自然地掉过头来支持李治。李世民的心意自然也开始倾向于晋王李治了。就在李世民的立泰之心日益发生动摇的时候,李泰却又自行不义。李治在皇子中被立太子的资格和李泰大致相同,然而大臣们对李治的态度明显强过李泰。如果要让大唐保持辉煌,离开重臣的支持是无法完成的,于是李世民下定了立李治为太子的决心。

但对晋王李治,李世民并不是十分满意。李治性格懦弱,不是一个理想的皇位继承人。然而以长孙无忌为代表的大臣态度坚决,李世民不能违拗诸位的意见。自己想立的儿子无人支持,大臣们极力扶植的又不能让自己满意,李世民因为这个而痛苦不堪,进退维谷。然而当时他已经43岁了,另立太子一事已是迫在眉睫,若是再拖延下去,不知又会发生什么样的局面,因此他不得不尽快痛下决心。

不久后,李世民御两仪殿朝见群臣。等百官尽退后,他留下司徒长孙无忌、司空房玄龄、兵部尚书李勣、谏议大夫褚遂良四人和晋王李治。李世民满脸都是泪,痛心地对他们说:"朕拥有三个儿子,一个弟弟,他们的所作所为,让朕的心里非常没有着落,我真的是心灰意冷了。"说着说着,李世民自己又气又愧地向床头撞去,长孙无忌急忙跑上前去扶持。李世民又抽出佩刀想要自杀,褚遂良从他手里夺下佩刀,交给晋王李治。长孙无忌等人一边安慰皇上,一边请求他说出打算立谁为太子。面对这些拥护李治的执政大臣,尽管仍是未拿定主意,但形势所逼使李世民不得不发话了,他终于说:"我打算立晋王为太子!"长孙无忌一直在期盼着李世民的这句话,因此,机灵的他马上接过话头,说:"我们一定会听从您的命令,臣子中若有违抗旨意的,我们请求杀了他。"即使有了长孙无忌的表态,李世民心里仍是不踏实,他还是非常有顾虑地说:"不知这样做朝中大臣会有什么意见?"长孙无忌用"召问百僚,必无异辞"打消他的犹豫,

第三章 跟李世民学隐忍——韬光养晦,潜伏爪牙

又以"臣负陛下万死"发誓以死来辅佐李治,才使得李世民"建立遂定"。在那之后,李世民驾临太极殿听政,召见文武六品以上的官员到场,他说:"承乾悖逆,魏王李泰也一样是凶险之人,都不是立为太子的最佳人选。我想从诸子中挑选一个合适的人作为皇位继承人,谁能胜任呢?你们都仔细想清楚了再说。"百官都欢呼道:"晋王仁孝,当为太子。"就这样,最后李治被立为太子。

尽管立了李治的储君之位,李世民也一直未能割舍自己对李泰的喜爱。为了避免出祸乱,在立李治为太子后,李世民就下诏将李泰迁居到扬州,将他改封为顺阳王。在这之后,他对李泰仍然念念不忘。有一次,他拿着李泰的表书,对大臣们说:"李泰文辞可喜,难道不也是一位才士吗?我在心中一直想念着他,但是为了国家的安危,我又不得不狠心割断恩宠,使他居于千里之外,为了让他和太子能够两全。"由此可见父子情深。

也可以想象,在感情与理智的交锋中,李世民忍受住了多大的煎熬,然而,最后社稷的长治久安成了他念念不忘的依凭。借助这个原因,他终于支撑着自己用理智战胜了感情。为了江山的久远考虑,竟能做到如此的痛割所爱,李世民忍字一功,可以说是高深莫测!为了立储一事,反复地试探,频频作态,李世民稳字一诀,也不能不说是恰到火候。

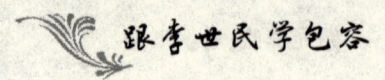

四、忍一时之快,建千秋基业

善于悔悟是李世民纳谏艺术的另一个高明之举。他在群臣面前能够忍受住面子的损伤,低下头来,做出幡然悔悟、痛改前非的样子。无论心存什么想法,行为何事,动辄痛言责备自己,一个"悔"字,就可以扣动数人心弦。不仅可以使痛责消痕于无形,又能以宽明之心令人为之动容。悔之一智,可以说是非常的高深!

贞观六年(公元632年),有人奏表状告尚书右丞魏征,指控他为偏私而袒护自己的亲戚。李世民派遣御史大夫温彦博去处理这件事,经查明后得知,原来是告魏征的人有失正直。温彦博奏明李世民说:"魏征虽然是被人指责,即使是没有徇私偏袒的行为,也有应该责备的地方。"于是,李世民就让温彦博对魏征说:"你规谏匡正我达数百条,何必因为这件小事就损害你以往的诸多优点呢。从今以后,你也应该好好检点下自己的言行举止。"事隔数日后,李世民问魏征:"近来你在朝堂之外,可听到有什么不对的事吗?"魏征神情严肃地说:"前些日子,陛下令温彦博宣读对我的诏令'为什么不检点自己',我觉得此话很有些不妥。我听说,君臣意气相投,道义上都是一体的。没听说过心里不存公道,而只是图求表面上去检点自己言行。如果君臣上下,都遵照这种方式,那么国家的兴衰就很难预测了!"李世民感到非常困惑,就问:"良臣与忠臣又有什么不同呢?"魏征回答说:"良臣不仅能使自身获得美名,也能让国君享有崇高的声望,子孙代代相传,福禄无穷。忠臣则会使他自身受诛灭,让国君陷于极大的不义之中,进而导致家国同受灭顶之灾,而自己却独自享有忠臣之名。这样看来,良臣与忠臣之间实在是相差太多了。"李世民说:"希望你

第三章 跟李世民学隐忍——韬光养晦,潜伏爪牙

不要违背自己说的这些话,我一定不会忘记国家之根本。"并赐给魏征二百匹绢。

贞观三年(公元629年),为了扩大兵源,简点使、右仆射封德彝等人提议把尚未成丁的、十八岁以上的中男都征召入伍。李世民采纳了,诏书已经颁发了三四次,魏征仍是执意上奏,认为这种做法是不妥的。封德彝又重新上奏说:"今见那些选拔的官吏说,这些未成年的男子中强壮的大有人在。"李世民十分生气,于是又下敕令:"十八岁到二十三岁的男子,或者即使未满十八岁,只要身体强壮高大,都吸收到军队中来。"

魏征不同意李世民的做法,不肯签署文告。于是,李世民就召见魏征与王珪,面带怒气地质问他们说:"十六至二十岁的男子中,如果个子实在是矮小,自然不会抽调他们去参军。但是如果身体确实高大健壮,抽调他们参军是可以的。这对于你有什么妨碍?如此这般过分固执,我真不理解你是什么意思!"魏征严肃地说:"臣下听说过竭泽而渔的故事,并不是得不到鱼,而是第二年根本就没鱼了;焚林打猎,不是猎不到野兽,而是第二年根本就没有野兽了。如果十六岁以上的尽数选拔吸收入军,将从何处取而供给田租赋税杂役呢?更何况近年来国家所养的军队,经不起攻战,难道仅仅是因为数量少吗?而是因为礼义教化失当,才使得人没有斗志。如果将他们大量地选拔入军,或者充当杂役使用,在数量上虽多,但在质量上却寥寥无几。如果精心选拔体格壮健的男子,待之以礼义教化,他的勇敢能够以一当百,又何必在意数量上的多呢?"

说到这里,魏征已经不满足于就事论事,于是他进一步批评李世民:"陛下经常说自己以诚信治理天下,是想让官吏百姓都没有虚伪欺诈之心。然而自从陛下登基以来,失信于民的事就已经有好几件了!这样说话不算数,您自己不觉得亏心吗?"

李世民一听,非常吃惊,问道:"我有何事失信于民?"

魏征回答:"陛下即位之初就曾下诏,凡是欠国家的赋税,一律免除。然而事后却照旧催征欠秦王府的财物。陛下由秦王升为天子,秦王府的财物若不算官物,怎么能说得通这个理?还有,陛下也曾下诏,关中免两年租调,关外免除一年。百姓知道后,没有不感谢皇恩的,纷纷歌舞相庆。可是,前面的话刚刚听到耳边,却又降圣旨说若已征收者,就从明年开始重新再算。既然已经免除了赋税,复又征收,使得百姓大失所望。现在又在征兵问题上失信于民,像您这样随心所欲、变更法令,能说是以诚信治天下吗?"

李世民说:"朕看见你一再固执,还怀疑你不了解这些事情。而今你谈论朝廷中诸多不守信用,原因还是我对民间情况知道得太少。朕没有认真思考,犯了很大的过错啊!处理事情总是像这样失策犯错,怎么才能使天下达到大治?"自我检讨了一番之后,李世民于是下令停止抽调中男入伍,并赐给魏征一口金瓮,赐给王珪五十匹绢帛。

贞观十一年(公元637年),时任侍御史的马周向李世民上疏议论时政,他在上奏中说:"微臣经常下去访查,四五年来,很多百姓抱怨,觉得陛下不让他们休养生息。从前唐尧用茅草盖房,用土块建台阶;夏禹穿粗衣吃淡饭。这样的事情,微臣知道今天不可能再实行。汉文帝因爱惜百金的费用,停止露台的建造,收集臣下上书用的布袋作为宫殿的帷帐,他所宠爱的慎夫人的衣裙从不拖到地上。到了景帝,考虑到服饰华丽妨碍妇女正常劳动,特下诏予以革除,所以老百姓才能够安居乐业。到孝武帝时,虽然是极其奢侈浪费,但是凭借文帝、景帝遗留的恩德,臣民百姓依然可以人心不动。但是如果在高祖之后就是武帝,天下必然不能保全。"

马周还指出:"这些情况在时间上离现在比较近,还可以很清楚地了解事情的过程。现在京城以及益州等地的许多工匠都在为制造供奉皇家的器物而忙碌,除此之外还有诸王嫔妃公主的服饰。老百姓对此事也议

第三章　跟李世民学隐忍——韬光养晦,潜伏爪牙

论纷纷,认为这太奢侈。臣听说勤奋早起、想求有盛大显赫功绩的君主,其后代都会尤为懈怠;好的法律,实行久了也会出现弊端。陛下小时处于民间应该深知百姓辛苦。前代成败,人所共见。"

马周又说:"臣经常研究前代以来国家成功与失败的情况,发现凡是因黎民百姓的怨恨谋反,聚为盗贼的国家没有不立即灭亡的。国君即使是愿意悔改,也没有能够重新安定保全。凡注重修行政治教化,应在还来得及修正时修正。若在事变之后,就是再后悔也没有用了。所以后代的国君总是见到前代的覆亡,知道人家的政治教化是如何失误,可是却从不知道自己本身有什么过失。因此殷纣只会嘲笑夏桀亡国,而周幽王、周厉王又会嘲笑殷纣亡国。隋炀帝大业初年,亦嘲笑北周、北齐丧失政权。然而现在看炀帝,也像炀帝当时看北周、北齐一样。所以京房就对汉文帝说:'微臣担心,后人看我们的今天也就像我们今天看过去的朝代那样。'这话不能不引以为戒啊!"

读了马周的上书,李世民幡然醒悟。历史的教训果然使他深有忧惧,但是他没有想到自己竟然犯有这样大的过失,于是马上宣布停止制造所有奢侈之物,用来悔改自己的言行。

还有一次,李世民命令太常少卿祖孝孙编纂《大唐雅乐》,并且先教宫人,再后传民间。祖孝孙是一位很有造诣的音乐家,编曲乐是没有问题,却教不好宫人。李世民曾多次责备他不肯用心,有负厚望。一天,李世民又将他训斥了一顿,祖孝孙却不敢申辩,汗如雨下。祖孝孙匆匆下殿,连连叹息。迎面遇上王珪和温彦博,二人见他神色异常,料定他肯定是因为教女乐不称职的事,又受到了皇上的责备。一经询问,果然是这样。二人上殿时,李世民还在生气中。温彦博劝谏说:"祖孝孙虽妙解音律,非不用心,只是他为人木讷谦和。骤然让他去教女乐,既不相宜,也是大材小用。陛下又要怪罪他,恐怕不妥。"王珪说:"祖孝孙持身严正,此乃学者雅士。

陛下让他去教女乐,又一再责备,天下人会误以为陛下有轻视士子的意思。"

李世民本来就怒气未消,听了二人的话,加大了火气,说:"卿等皆我心腹,应当尽忠献直,为何附下欺上,反为祖孝孙开脱罪责?"温彦博急忙拜谢认罪。王珪却不拜,反而说:"臣本来侍奉隐太子,罪已当诛。陛下恕宥性命,又不以臣不肖,引为枢密门下,置之重位。陛下责臣以忠直,臣理应尽忠,今臣所言,岂是出于私心?想不到陛下会认为臣欺君罔上。陛下常说,不要因为您临时发怒便屈从您的意见,造成陛下的过错。今日臣尽责直言,反受到陛下的责备,不是臣负陛下,是陛下负臣。"李世民听了王珪的一阵议论后,沉默了良久,宣布罢朝。

第二天,李世民对房玄龄谈起王珪,说:"昨天为祖孝孙一事,责备王珪,我非常地后悔。自古皆难的纳谏之事,公等不要因此而不进直言。"房玄龄说:"自古以来,只有主明臣正,方能致治。君臣同德,海内才会安宁。明主用邪臣不能致治,正臣事邪主也不能致治。陛下可谓明主,王珪也是正臣,这是可喜可贺的事。"

贞观十一年(公元637年),李世民想修建洛阳飞山宫,魏征上谏说道:"炀帝恃其富强,不虞后患,穷奢极欲,使百姓困穷,以至身死人手,社稷为墟。陛下拨乱反正,宜思隋之所以失,我之所以得,撤其峻宇,安于卑宫;若因基而增广,袭旧而加饰,此则以乱易乱,殃咎必至,难得易失,可不念哉!"李世民听了这番言论,思及亡隋之鉴,深为自责,于是马上下令停修洛阳宫。

同年,李世民驾临隋炀帝所建造的显仁宫,当地官员因为宫内储备有缺而被谴责。魏征知道此事后进谏说:"陛下因为储俯谴官吏,臣担心承风相扇,过些时日会民不聊生,殆非行幸之本意也。往日炀帝讽郡县献食,视其丰俭以为赏罚,故海内叛之。这是陛下所亲见,奈何欲效之乎!"

第三章 跟李世民学隐忍——韬光养晦,潜伏爪牙

李世民听了很震惊,说道:"非公不闻此言。"同时又对长孙无忌等人说:"朕昔过此,买饭而食,僦舍而宿;今供顿如此,岂得犹嫌不足乎!"

贞观十三年(公元639年),阿史那结社率众准备作乱;云阳县有块石头燃烧;从去年冬天到今年五月,一直都不下雨,关中大旱。魏征又利用这个机会,上疏对李世民提出批评。在这道奏疏中,魏征一条条地列举了李世民的过失,认为他至少有十个方面越来越不能做到善始善终,希望他能保持贞观初年的优良作风。

魏征的奏章引起了李世民的高度警惕。对于魏征在年逾花甲的时候还能关心国事,李世民非常地感动。他对魏征说:"我现在知道我的过错了,我愿意去改过,做到善始善终。如果违背了你的建议,还有什么面目和你相见呢,还有什么办法可以去治理天下?自从收到你的奏疏后,我反复阅读,认真研讨,深刻感受到词强理直,就把它书写在屏障上,排列室内,以便早晚都能看到,可以随时提醒我;又命人抄写了一份交给了史馆保存,希望千年以后人们能了解到我们君臣共治的道理。"

对于悔谏之方,李世民深有感受。贞观七年(公元633年),他回顾即位以来的情况说:"每商量处置,或时有乖疏,得人谏诤,方始觉悟。若无忠谏者为说,何由行得好事?"

李世民深知自己不可能做到一贯行事皆准,恰恰相反,正是因为难于自视,所以会犯不少错误。只有经过别人提醒,自己才会觉悟,才能把事情办好。"悔"之一字,即可匡政得失,以保社稷长久,也能导之使谏,可谓疏堵之途。只有这样,方能得群臣怜而叹之亦敬之,得到群臣"每见有不是事,宜极言切谏,令有所裨益也",也就才能够做到终保李唐江山长盛不衰。

第四章

跟李世民学让步

——后退一步,海阔天空

> 后退一步便可以海阔天空,谁又能真正做到呢?唐太宗李世民就做到了。身为九五至尊的帝王,为了富国强民,为了自己的江山的长治久安,他可以做到随时让步。

第四章　跟李世民学让步——后退一步,海阔天空

一、以礼改葬兄弟,树仁义形象

在封建社会这个伦理观念极强的时期,李世民杀兄夺嫡之事,难免会遭到人们道德上的谴责。为了消除玄武门之变在封建伦理道德方面造成的不良影响,也为了顺服天下人心,便于自己日后更为顺畅地在治国过程中施行仁义道德,李世民堂而皇之地上演了一场猫哭老鼠的游戏。

武德九年(公元626年)六月七日,由于李建成被杀害,在迫不得已的情形下,唐高祖李渊下诏立李世民为太子。由于已经别无选择,出于永保大唐江山长久太平的考虑,李渊在诏文中竭力为李世民涂脂抹粉掩盖事实,全文可以说是极尽溢美之词,诏书写道:"天策上将、太尉尚书令、陕东道大行台尚书、益州道大行台尚书令、雍蒲二州都督领十二卫大将军、中书令、上柱国秦王世民,器质冲远,风猷昭茂,宏图夙著,美业日隆。孝惟德本,周于百行,仁为重任,以安万物。王迹初基,经营缔构,戡翦多难,征讨不庭,嘉谋特举,长算必克。敷政大邦,宣风区陕,功高四履,道冠二南,任总机衡,庶绩惟允。职兼内外,彝章载叙,遐迩属意,朝野具瞻,宜乘鼎业,允膺守器。可立为皇太子。"并且还说:"皇太子世民夙禀生知,识量明允,文德武功,平一宇内,九官惟序,四门以穆。朕付托得人,义同释负,遐迩宁泰,嘉慰良深。自今以后,军机兵仗仓粮,凡厥庶政,事无大小,悉委皇太子断决,然后闻奏。"

这样,李世民就从一个刚刚手上还沾满兄弟鲜血的杀人者,一跃而成为了一个毫无污点的人中英杰。李渊甚至还提到"托付得人,义同释负",想必这也是情非得已的办法,不是由衷之言。可是无论如何,李渊都给了李世民一个极好的台阶,在很大程度上挽回了李世民的面子,为李世民

的顺利即位和以后在政治上的励精图治铺平了道路。

　　然而,仅仅有这些还远远不够。毕竟,屠兄戮弟的举动,与封建伦理实在是大有相违,不是李渊的几句溢美之词就可以涂抹的,这是难以彻底掩盖的污点。就因为这样,为了李氏江山的长久,为了重树自己在人们心目中的形象,李世民也总是在恰当的时候洗刷玄武门事变在他形象上留下的污点。

　　同年冬十月,李世民为了抹去玄武门之变在封建伦理道德方面留下的不良影响,特地追封李建成为息王,谥"隐";追封李元吉为海陵王,谥"刺"。按照《谥法》,"隐拂不成曰隐。不思忘爱曰刺;暴戾无亲曰刺"。这个做法,既可以申明玄武门之变的正义性,又能表明李世民的仁爱之心。

　　礼葬太子李建成的时候,正好给了李世民一个极佳的演戏舞台。以礼改葬的那一天,李世民在千秋殿西边宜秋门痛哭,以示致哀;并立皇子赵王李福为李建成的后嗣,十六年后,他又立儿子李明为李元吉的后嗣,而李明之母恰恰也是当年李元吉的正妃、当时李世民比较宠爱的杨妃。政变发生后,李世民为了永绝后患,一举把李建成、李元吉的十个儿子全部都斩尽杀绝,现在,却又为他们立后过嗣,以继香火;在玄武门之变中,李世民不顾惜手足之情,杀兄斩弟,转瞬之间,却又站在历史的舞台上,对着兄弟的灵位失声痛哭。李世民两面三刀的手法,不得不说很是高明。

　　礼葬李建成前一天的晚上,魏征从山东返回到京城,迁尚书右丞兼谏议大夫;王珪也升为黄门侍郎。就像前面所讲的,这两个人均为原太子府旧人,原来都曾跟随李建成多年。因此,听说要礼葬太子建成后,二人联名上表,希望可以去参加葬礼,以表示自己对太子的忠诚和怀念。他们在上表中说:"臣等昔受命太上,委质东宫,出入龙楼,垂将一纪。前

第四章　跟李世民学让步——后退一步,海阔天空

宫结衅宗社,得罪人神,臣等不能死亡,甘从夷戮,负其罪戾,置录周行,徒竭生涯,将何上报?陛下德光四海,道冠前王,陟冈有感,追怀棠棣,明社稷之大义,申骨肉之深恩,卜葬二王,远期有日。臣等永惟畴昔,忝曰旧臣,丧君有君,虽展事君之礼;宿草将列,未申送往之哀。瞻望九原,义深凡百,望于葬日,送至墓所。"这是一篇情真意切而富于策略的奏章。首先当然是肯定李建成"结衅宗社,得罪人神",他的被杀是理所当然的;同时又颂扬李世民"明社稷之大义,申骨肉之深恩",现在以礼改葬二王;接着,又从封建礼仪上陈述了送葬的道理。可以很清楚地看出,这里丝毫没有要煽动东宫旧属的怨恨情绪,反而从道义上弥补了骨肉相残所留下的伤痕。

　　李世民此时正打算对自己的兄弟假示仁义,见了这篇情真义切的以仁义忠孝寄托情怀的顺耳之语,又何乐而不为呢?于是,他就顺水推舟地答应了下来,还特许原东宫、齐府僚属统统前往送葬。这样,李世民就不仅仅显示了其"仁怀",还宣扬了忠义之风,并且还笼络了臣属之心。因此,在隆重的葬礼中,李建成、李元吉余属的重重顾虑也就渐渐烟消云散,原来秦府与东宫、齐府之间十分激烈的矛盾,基本上也消除了。李世民以其圆滑巧诈的聪明才智,妥善地处理好了"禁门喋血"的遗留问题,并还获得了他人口中大量溢美之词,进一步洗白了自身的污点。据史载,通过这个举措,"初,息隐、海陵之党,同谋害太宗者数百千人,事宁,复引居左右近侍,心术豁然,不有疑阻"。就这样,统治集团之间的内部矛盾,渐渐得到了缓和,初变后的李唐政权也得到了巩固。李世民就这样通过堂而皇之地昭彰显德,反而使一件阴晦之事变得益显豁然,这也正是他无人能够企及的"高明"之处。

　　另外,李世民还直接通过干预史官编修史书来粉饰玄武门事变。在古代,按照惯例,当朝所修的历史一般不能被帝王翻阅。这样安排的原因,主要也是惧怕皇帝凭借手中权力擅自改变史实。李世民非常关心自己留给后世的形象,尤其是发生了玄武门事变这样的事件,让他更是寝食难安,因此,他曾多次要求亲自查看当世之史。在多次遭到拒绝后,贞观十四年(公元640年),他终于从房玄龄那里打开了缺口,从而使其干预史官据实记载的想法得以实现。

李世民提出"欲自看国史"时,并要房玄龄"撰录进来"。"玄龄等遂删略国史为编年体,撰高祖、太宗实录各二十卷,表上之。"高祖、太宗的实录既然记载当代君主立身行事,又明知是李世民亲自阅读的,经过"删略"后,肯定有曲笔。例如记录玄武门之变"语多微隐"就是典型的一例。李世民每次读至此处,感觉隐讳的话太多,吞吞吐吐,遮遮掩掩,令人生疑之处也有很多。于是,他就要求房玄龄转达他的旨意说:史官执笔,不应有所曲隐,"即令削其浮词,直书其事"。表面上看来,李世民主张直书其事,看似"不为尊者、贤者讳"之举,勇气让人叹服,然而,实质上他的本意却与此大相径庭。责备史官的时候,他告诫说:"身为史官应该善于鉴别史事性质,这样才能够褒贬分明。"那么,李世民所谓的史事的性质,说得更明确一点,也就是指玄武门事变的性质。这一点从他跟房玄龄的对话中我们即可得出结论,他说:"过去周公为安定周室而杀管叔、蔡叔,季友为了鲁国安宁派人用毒酒鸩死叔牙,这些都是兄弟相杀之事。我杀建成、元吉,性质与此相似,目的是维护社稷的安定和百姓的利益。史官记载这件事,哪里用得着这么隐讳呢?应该立即删除夸饰的言辞,直书其事。"

从中可以看出,实质上,李世民已给玄武门事变之事的书写下了定性的指示,确定了宣传和记录的基调,那就是把他夺权弑兄的行为说成是"安社稷,利万民"。接下来史官们的工作就是依据这一原则把李建成和李世民争夺皇位的历史重写一遍,强调李世民杀李建成、李元吉的正确

第四章 跟李世民学让步——后退一步,海阔天空

性。不按照这样去改便不能改变事变的性质,也就不能突出李世民定下的主题。皇帝既然都已经这样发话了,史官们又怎么会听不出他的话外余音?想来日后修史时,他们势必会尽其所能地揣摩出李世民的心意,为李世民的行为竭力涂脂抹粉。这样,李世民不仅给当时也给后世,留下了一团历史的迷雾。

李世民在即位后,为了树立更好的形象、洗白曾经的污点,他做出让步,先以礼改葬兄弟,然后又让一群原东宫、齐府的幕僚们参加礼葬仪式。这些做法都为他曾经的行为涂脂抹粉,让他在世人面前的形象变得更加美好。

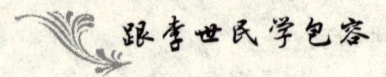

二、让步于民,才可得繁荣之邦

隋炀帝的不问民事,最终导致了君臣失道,民叛国亡。李世民亲眼目睹了隋朝由盛而衰的整个过程,从内心里为农民起义的巨大声威所震撼。因此,他也从内心里懂得了百姓对国家存亡的重大关系。他常对大臣们说:"可爱非君,可畏非民。天子者,有道则人推而为主,无道则人弃而不用,诚可畏也!"在这种"诚可畏"的思想前提下,李世民深深地理解了君民之间相依相存的关系。"君者,舟也;民者,水也。水能载舟,亦能覆舟。"要想使君业长存,必须得先存百姓,才能免除覆舟之患。然而,漫漫前路上困难重重。即位之初,举国上下民生凋敝,李世民又是怎样尽快安定人心的呢?

隋末以来,国家经过十多年的战乱,社会经济已经遭到了巨大的破坏。在唐高祖李渊建唐之后,战争仍在继续,社会经济也不可能得到恢复。自从李世民即位开始,国家就多霜旱之灾,米谷踊贵,突厥侵扰,州县骚然。也有史实记载:"是时,自京师及河东、河南、陇右,饥馑尤甚,一匹绢才得一斗米。"一直到了贞观六年(公元632年),原来经济十分繁荣昌盛的关东地区仍是一片残破凋零的景象:"自伊、洛之东,暨乎海岱,萑莽巨泽,茫茫千里,人烟断绝,鸡犬不闻,道路萧条,进退艰阻。"

戴胄曾经分析说:"乱离甫尔,户口单弱,一人就役,举家便废。入军者督其戎仗,从役者责其糇粮,尽室经营,多不能济。"民生匮乏,会不会因为这样而生乱?在长久战乱之后,有没有什么切实可行的办法和措施可以尽快安抚民心、迅速缓和阶级矛盾、进而呈现出天下的稳定与大治?对于这件事,李世民也是心神志忑,颇不自信:"今大乱之后,其难治乎?"

第四章 跟李世民学让步——后退一步,海阔天空

在感叹之余,李世民开始与大臣频频商讨,以思良策。一日,在与魏征谈论自古以来的治政得与失的时候,他就忧心忡忡地说:"现在国家处于大乱之后,我担心老百姓不易教化,短期内不容易实现天下大治。"魏征却回答说:"不是这样的!大乱之后,并不是不容易治理,相反更容易治理。因为人只要在危困之时就会担心死亡,担心死亡时就会盼望着国家太平、社会安定。如果百姓期盼安定太平,那么就会容易教化了。所以说,战乱之后的百姓其实是最容易教化的,这就好比饥饿的人容易满足饮食的需要,二者是同样的道理。"

但李世民仍然显得信心不足,他心中有诸多疑虑,问道:"一位圣明的国君往往需要用毕生精力治理国家,然后才能停用武力,实现社会的安定。现在是承接大乱之后,希望社会安定,又怎么样在很短的时间内就能实现?"魏征于是很干脆地回答说:"类似于这样的做法只适合于普通人,不能适用在英明的国君身上。如果英明的君主施行教化,君民上下同心同德,百姓也就会响应如回声,虽然不想图求快,也会很快地取得成功。想要使数月内天下大治,相信也不是太困难,因此三年取得成功还算是太晚了。既然人民迫切地渴望安居乐业,那么皇上只要能够静以待民、少征徭役、与民休息就可以了。这样的做法,能够使百姓安定,国家也就可以实现无为而治了。"李世民听了,不由自主地连连点头。

可是,大臣封德彝等却颇不以为然。封德彝引证历史,立即站起来反对说:"夏、商、周以后,人情也是越来越奸诈虚伪,所以秦朝使用严刑峻法,汉代又参用威势权术。他们的君主哪里是不想教化人民呢?只不过是想教化而又被形势所逼,不能教化罢了。"当着李世民的面,封德彝厉声地指责魏征:"原来魏征想用放纵百姓的办法来实现国家的迅速治理,不过是不切时务的书生之见罢了。如果信其虚论,必然会导致国家的衰败和混乱。"

面对封德彝等人尖锐的指责,魏征并没有让步,他毫不客气地反驳

道:"五帝三王在治理国家时,因为没有更换国家内的人民而实现了天下大治。躬行帝道就可以成就帝业,躬行王道就可以成就王业,这也只是在于当时国君的治理、教化罢了。考察古代典籍的记载,就可以知道。历史上黄帝与蚩尤作战七十余次,那时可以说是混乱至极,黄帝战胜凶恶的蚩尤后,就致力于太平;九黎族作乱,颛顼就出兵征伐他们,战胜之后也并没有忽略对天下的治理;夏桀淫乱暴虐,商汤去驱逐了他,在汤为政的时代就实现了天下太平;商纣王无道,周武王便去讨伐他,到了武王之子周成王时,就达到了天下太平。如果说人性愈来愈浅薄讹诈,不能达至纯朴,那么到现在应该是变为鬼怪妖精了,又怎么能够再来加以教化呢?"封德彝等人一时语塞,找不到更合适的言语来反驳魏征所论,可是心里却都还是认为短期内不可能达到天下大治。

这次辩论,实质上也就是探讨究竟是用王道还是用霸道来统治人民。封德彝等人主张用霸道,如果采取这种主张,对内就会实行残酷剥削和压迫,对外就会干戈不戢、穷兵黩武,其结果必然是重蹈隋炀帝的覆辙。李世民权衡利弊后,察纳谏言,最终采纳了魏征的建议,推行王道之治,也就是所谓的"圣哲施化,施仁政于民"。对于这件事,李世民说:"我看自古以来用仁义治理天下的帝王,统治的时间非常长久;用严刑峻法来统治人民的,虽然也能整治一时的动乱,但很快就会迎来失败与灭亡。这些既是前代帝王留下的经验教训,就足以让我们去借鉴。现在我要专心以仁义诚信来治理天下,希望可以革除近世以来人情虚伪奸诈之风。"从中可以看出,"圣哲施化",静以安民,也就是为了让大唐江山国祚长久。李世民在慎思慎微中,终于寻找到了静以养人的一条治世之道。后来的实践结果也向他证明了,他的这一决策是十分正确明智的。后来,回忆到这次王霸之争的时候,李世民还不无得意地说:"贞观初,人皆异论,云当今必不可行帝道、王道,惟魏征劝我。既从其言,不过数载,遂得华夏安宁,远戎宾服。"

第四章 跟李世民学让步——后退一步,海阔天空

思化易教,那么,要怎么样才能在百姓思化之际来安抚百姓呢?为了这件事,李世民又一次组织群臣进行讨论,大臣们亦是各抒己见,最后还是定下了抚民以静、与民休息的治国方针。魏征在他的圣哲思化思想指导下,坚持了以静安民的主张,他说:"君王宜修正其身,抑情损欲,克己自励,君王无为则人民安乐,君王多欲,则人民困苦。"王珪也说:"民为邦本,是儒家治国大义,欲使国家长治久安,先要使百姓安居乐业。只有君王戒奢从简,不劳役人民,又轻徭薄赋,偃武修文,才有望太平。"李世民非常赞同他的看法,说:"卿所言极是,国以民为本,民以食为天,务要简省劳役,使百姓安于耕作,才可五谷丰登。"他认识到君民之间的依存关系,还说:"君依于国而存,国依于民而兴。君民一体。若刻民以奉君,好比割肉以充腹,君富而国亡,故人君之患,不自外来,乃出于自身。贪欲盛则耗费广,耗费广则赋役重,赋役重则人民愁困,人民愁困则国家危亡,国亡则君伤。"

即位伊始,李世民深刻地认识到:"国家未安,百姓未富,且当静以抚之。"魏征向他提出警诫,说:"百姓欲静而徭役不休,百姓凋残而侈务不息,国之衰弊,恒由此起。"亡隋的经验教训,使李唐的君臣都认识到,繁多的徭役会使百姓不堪其苦,这是会从根本上导致国家衰敝的。而轻徭薄赋、不夺农时,可以让百姓能安心耕种,才可以使天下富足,使人民得以安宁,国运也可得久长。既然"为君之道,必须先存百姓",那么必须要先使百姓休养生息,清静无为,去奢寡欲,让百姓安居乐业,"人人皆得营生,守其资财"。只有这样,方能安定百姓之心。静之则安,动之则乱。因此,李世民"夙夜孜孜,惟欲清静,使天下无事",开始了他以静抚民的治国道路。

李世民懂得,在不明之时做出让步,让群臣商议,集思广益得出好的方法;李世民还懂得,只有对百姓做出让步,让其安居乐业,国家才可以长治久安。

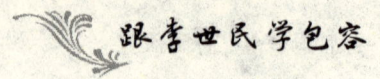

三、让步于敌，获得安定之邦

兵不厌诈。明智之将，运筹千里。将欲取之，必先予之。先做让步，以存实力，而见后效。李世民多次运用了这个方法，而且屡试不爽。

唐建立之初，既得益于突厥的支持，又对突厥这位强大的邻居非常忌惮。李世民登基之初，在不得已的情况下还与突厥签订了"渭水之盟"，被李世民视为耻辱。然而实际情况是，国家在经历了多年战乱后需要休养生息，大规模战争对国家有利无害。所以在与突厥初战之时，李世民退敌而求和。对于李世民的这一举措，臣下非常不解，问他这么做的原因，李世民回答说："所以不战者，吾即位日浅，国家未安，百姓未富，且当静以抚之。一与虏战，所损甚多；虏结怨既深，惧而修备，则吾未可以得志矣。故卷甲韬戈，咱以金帛，彼既得所欲，理当自退，志意骄惰，不复设备，然后养威伺衅，一举可灭也。将欲取之，必固予之。"李世民的这句话正是直接体现出了他欲取先予、不以硬碰硬的思想。弱者的自保之道是不以卵击石，这也是一种弱中求存的大智之策，李世民的做法实在是明智之举。

早在武德年间，突厥就与唐屡见刀兵。颉利可汗即位之后，因为贪得无厌，欲壑难填，唐高祖李渊经常不堪其扰。李世民坚持不与突厥正面大规模交锋，而是使用疑兵之计退敌。后来李世民趁突厥二可汗突利不愿意再战，促成双方讲和。突利亲自来到城中与李世民谈和，并与他结为好兄弟，请求和亲，李世民答应了。如此，以弱势之兵，却反倒制胜。敌强时以智和之，敌弱时又改策击之，李世民这一唯利害是举的计谋，可以说是厉害之至。

第四章 跟李世民学让步——后退一步，海阔天空

武德八年（公元625年），颉利可汗又亲率十万劲骑，南下掳掠朔州。唐将强瑾正面迎敌，在太谷全军覆没，仅自己一个人得以逃脱。

武德九年（公元626年）四月，颉利可汗再次南侵，进攻今宁夏灵武，大将李靖领兵将其击退。

武德九年（公元627年）八月，颉利可汗趁李世民即位不久、国内政局动荡的时候，率精骑二十万大举入扰，前锋攻破武功（今陕西武功县），京师戒严。行军总管尉迟敬德虽然奋勇挫败颉利可汗于泾阳（今陕西泾阳县），但突厥主力并没有受到损失，颉利可汗继续进攻长安。他一面列阵在渭水北岸以威慑唐军，一面又派出使臣对唐廷进行军事讹诈。颉利可汗的属下执央思力到了唐廷，虚张声势地说："两位可汗统领着百万大军，现在已经到了。"说完便立刻请求返回复命。李世民对他说："我与突厥曾经当面议定和亲，你们背信弃义不守信用在先，我于心无愧。你们凭什么可以率领大军侵犯我朝的京郊地区，还敢自夸强盛？我应该先杀掉你。"执央思力吓得连忙跪地请求饶命。萧瑀、封德彝等人请求对突厥人以礼相待，将执央思力放还。李世民说："这样做不妥。如果现在放回他，突厥肯定认为我害怕。"于是又派人把执央思力囚禁起来。李世民说："颉利可汗听说我们国家最近发生了新的内乱，又听到我刚登上帝位，所以就亲率大军直逼京城而来，自认为我不敢抵抗他们。我如果闭关自守，他们必定会纵兵大肆抢掠。是强是弱全看今天的决策。我要独自一人出阵，以表示轻视他们，并显示出我军军威，使他们知道我们之间一定要决一死战。并且还要出其不意，挫败他们的企图。制服突厥，就在此一举。"于是李世民单人匹马前进，隔着渭河与颉利可汗谈话。李世民说："两国相交，就该以信为本，旧日约以盟好，许结和亲，汝先后获我金银布帛，难以数计，今日又负约来侵，岂有此理！"

颉利可汗连连向李世民行礼答话。看见唐朝大军源源出城，旌旗遍

野,卷地而来,颉利可汗又被李世民的义正词严和唐军的气吞山河之势震慑住了。他心中思忖:"前几日,在泾县受挫于尉迟敬德,今日又见兵容如此威武的唐军。李世民性格沉着冷静,一旦开战,不一定能有十足的把握取胜,还不如再索取一些财物就班师回家。"第二天,颉利可汗便遣使请和,李世民见好就收,借势就答应下来。于是,李世民与颉利可汗在渭桥上斩白马设定盟约,馈赠金帛,放了执失思力。

见突厥大军退去后,京郊百姓皆大欢喜。突厥对唐朝一犯再犯,对于这样的做法,李世民的心里不可能不恼怒,他之所以一和再和,自然也是有原因的。渭桥结盟之后,他曾这样告诉大臣们:"我观察突厥之众虽多而不整,而且志在钱财,只要多给些金帛,就可以讲和。我可以在趁讲和之时,在酒宴上缚其可汗,再袭击其众,则势如摧枯拉朽。所以不战的原因,是我即位日浅,国家没有安定,百姓不富足,一但和他们开战,所损甚多。还不如暂时啖以金帛,减小损失。对方既得所欲,理当自退。等待我恢复国力,定会一举歼灭突厥。将欲取之,必先予之。现在的当务之急,是抚民以静,若国中不静,则远夷定不服,是以不战。"

从之前的几次战役中,李世民非常清楚地看到了自己与突厥之间的差距。他从内心深处知道,即使凭一时之计暂且取胜,如果没有实力一举歼灭强敌,仍然无法避免突厥的多次进犯。然而一味穷兵黩武,也会伤及自身。因此,为了彻底一雪前仇,只好暂时牺牲局部的胜利,来换取一个安定和平的环境。只有人们安居乐业、努力发展生产,富国强兵之后,才能百战无虞。如果使国家陷于战乱,肯定是得不偿失。

李世民谨小慎微,坚决拒绝以硬碰硬,甚至不惜以金帛财物去贿笼突厥的心。然而突厥哪里知道,李世民先"予之",实乃为图于其后大举"取之"。在突厥放松警惕之时,已给了李世民喘息之机。誓不甘休的李世民在其退兵之后,早就在心中恨恨而念"我当休养生息,富国强兵,突厥再

第四章 跟李世民学让步——后退一步，海阔天空

来,必一举灭之"了。在时机到来时,这句话果然被兑现了。

先予后取,不以硬碰硬,这种委曲求全、以屈求伸的大智之举,使得唐朝终成为一代强国,甚至后来"众国来朝,四夷皆服"。

唐朝与焉耆国的关系是李世民欲取先予的又一个例子,只是此时"取"和"予"的对象不同了而已。贞观六年(公元632年)时,焉耆国曾经遣使向唐进贡,要求开通碛道加强同大唐的联系。李世民为了团结周边的少数民族,减少不必要的战斗,便答应了他的请求。谁知这一举动却得罪了高昌国,高昌国为此接连攻占了焉耆国的几座城池,又掠走了焉耆国的百姓。也正是因为焉耆国受了高昌国的欺负,仇怨相结,所以自然视唇亡齿寒的道理于不顾,在唐朝侯君准备攻打高昌时,焉耆王十分高兴地答应予以帮助。在攻破高昌后,焉耆请求将高昌所夺走的三城还给焉耆。李世民为了维护民族关系、收买人心,不仅毫不犹豫地归还了那三座城池,还将高昌掠走的所有焉耆百姓全部放回,焉耆与唐的关系也因为这件事日趋友好。可是十多年过去,到了贞观十八年(公元644年),斗转星移。或许是他们懂得了唇亡齿寒的道理,和失去高昌、与唐相邻的教训,西突厥竟然与焉耆联起姻来,焉耆也从那之后不再向唐纳贡。为了防止西突厥的崛起,李世民在安西都护郭孝恪的请命下,决定派兵征讨焉耆。

在最开始攻打东突厥时,对薛延陀部,李世民也是采取收买策略。当时,因为颉利可汗征敛无度,突厥所属的薛延陀、回纥、拔野古诸部联合起来反抗,同时颉利、突利二可汗仍然是相互怨望,叔侄不和。大臣们主张趁其国乱而取之。李世民却采取谨慎态度,先是派柴绍、薛万钧率兵攻破了依附于突厥的梁师都,同时还遣使联络薛延陀,封其首领夷男为真珠毗伽可汗。薛延陀收降了很多原依附于突厥的北方弱小吏族,联合起来共同抗拒突厥。李世民采取远交近攻的策略,使突厥处于腹背受敌的情势之下，还加剧了颉利与突利、薛延陀的关系的恶化，又切除了突厥的羽翼梁师都。长期以来，梁师都一直为突厥出谋划策，鼓动突厥南侵，上次渭桥危机就是他出的主意。梁师都被灭后，突厥十分惊慌。贞观三年（公元629年），薛延陀毗伽可汗又派遣其弟为使者，到长安来入贡，李世民赐其宝刀一把。颉利可汗深感自危，也遣使者向大唐称臣，要求和亲，修子婿之礼。这样，李世民就通过支持和拉拢薛延陀，利用薛延陀的力量重重地打击了东突厥。

内忧远比外患严重，如果内忧如焚，外患就会有了可乘之机。因为深刻地认识到这个道理，所以李世民多次在鹬蚌相争之际，都是坐收渔翁之利，并将强敌予以各个击破。

前面讲过，经过唐朝的屡次打击和抑制，薛延陀部日益衰微。真珠毗伽可汗终于向李世民请求，让他的庶长子曳莽为突利失可汗，允许其占据自己领土的北边，统领铁勒其他诸部；请求承认他的嫡长子拔灼为肆叶护可汗，占据西边，统领薛延陀部。李世民同意了他的请求。因为在此之前，李世民早已了解到他的两个儿子性情都极为暴躁，易动干戈，二人又是向来不和，互相妒恨。李世民答应真珠可汗的要求，意图也已经很明确，就是明举之，暗分之，利用他们兄弟之间的矛盾，使他们争权夺利，互相嫉恨，最终互相残杀，互相削弱对方的势力，然后另图谋之。李世民的这招不得不说是够阴狠。

贞观十九年（公元645年）九月，真珠可汗死了，二子会丧。刚刚葬下父亲，曳莽担心拔灼图谋自己，先还所部，拔灼就追袭杀之，自立为颉利俱利薛沙多弥可汗。拔灼"性褊急，驭下无恩，多所杀戮，其下不附"，为了转换其内部矛盾，就趁李世民亲征高丽的时候，十二月"引兵寇河南"。李世民出兵东征高丽的开始，就命右领军大将军执失思力率突厥之兵屯州之北以备薛延陀。这时，又遣左武侯中郎将田仁会与执失思力合兵迎击拔

第四章 跟李世民学让步——后退一步,海阔天空

灼。执失思力赢形伪退,诱之深入,进入夏州之境,然后整阵以待之。薛延陀大败,"追奔六百余里,耀威碛北而还"。多弥可汗再次发兵寇夏州。于是唐王朝大发北边之兵,薛延陀至塞下,知道唐有备而不敢进。贞观二十年(公元646年)正月,夏州都督乔师望与右领军大将军执失思力等击薛延陀,将其攻陷,虏获了二千余人,多弥可汗骑轻骑逃走,"部内骚然"。因此,在李世民的重复追击下,薛延陀部最终也被平定。

贞观十八年(公元644年),焉耆内部发生了分裂。郭孝恪疏奏朝廷,请求出兵征讨焉耆,李世民立即同意了。由于发生了内讧,焉耆王突骑支的兄弟栗婆准打算投降唐军。于是郭孝恪就用之为向导,进攻焉耆。由于熟悉地形,郭孝恪率兵很快就奔至焉耆城下,而且城内早就有人接应。这样,里应外合,一举攻破了焉耆,生擒了焉耆国王,并由栗婆准取而代之。此后,焉耆向唐朝称臣。

在准备进攻高丽的时候,李世民的坐收渔翁之利的思想也有所体现。贞观十七年(公元643年),李世民想要讨伐高丽。试探群臣时,李世民说自己并不准备马上兴师讨伐高丽,而是想先利用契丹、棘韬的力量削弱它,然后再图征伐。这一招不得不说是狡诈狠辣之极。李世民的心机之深,可见一斑。

贞观四年(公元630年)七月,唐已经平定了东突厥,李世民开始为平定西突厥做准备,命凉州都督李大亮为西北道安抚大使。李大亮向李世民建议,凡西突厥要求称臣的内属者,"羁縻受之,使居塞外,为中国藩蔽",李世民采纳了这一建议。西突厥肆叶护可汗作为先可汗之子,为众所附,莫贺咄可汗所部酋长多归之。肆叶护率兵击莫贺咄,莫贺咄兵败,逃到金山后被杀。诸部共推肆叶护为大可汗,西突厥又重新获得一度的统一。但还不到两年,肆叶护可汗又败。其失败的原因有二:其一,西突厥发兵击薛延陀,反而被薛延陀所击败;其二,肆叶护"性猜狠,信谗"。

就这样,西突厥内部矛盾加剧。肆叶护在其他部攻击之下轻骑奔康居,不久后死去。西突厥迎泥孰于焉耆,立为咄陆可汗。咄陆可汗也是迫于形势,遣使向唐称臣内附。李世民接受了他的内附,并立咄陆为奚利邲咄陆可汗。

见缝插针,乘危而起;治道在正,用兵在奇。临阵对敌,李世民没有拘泥于迂腐之"正",而是相机而起,击敌于弱时。果不其然,他总是无往而不胜。

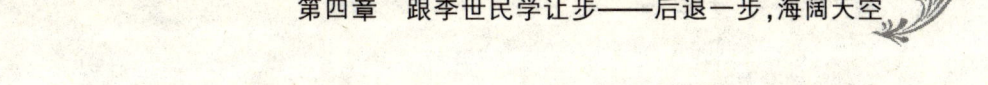

四、让步于民,民富则国强

国以人为本,民以食为天。当静以安民,免其思乱。究其根本,不过就是为怀保小民,以致富足。只有衣食足,百姓才能得安乐,国家才能大治。否则,所谓的静之道,最终不过是枉然之举,肯定很难得以长久。因此,面对即位之初民生凋敝的景象,李世民开始大力寻求兴农的方法,开始施行他富国强民的一系列政策措施。

隋末战乱,再加上唐初连年的自然灾害、突厥抄掠,当时的百姓生活艰难,流离失所。但是又由于国力匮乏,政府也无力救济。要想改善人民生活,扭转在财政上出现的拮据困窘的局面,就必须要大力恢复和发展社会经济,所以最重要的就是搞好农业生产。

李世民非常重视搞好农业生产的重要性,他说:"养育百姓,就必须要依靠丰衣足食;然而要做到家给人足,从根本上说就是要靠农业生产。如果不能搞好农业生产,即使瓦砾都变成随侯珠、沙石都变成和氏璧、举目所见都是珍宝,也不能让百姓摆脱饥寒困苦。"他还说:"人以食为本,农业也是政治的根本。饥寒交迫的百姓,就会不顾礼仪廉耻,为了活命,会做出铤而走险、犯上作乱的行为。只有仓库充实了,人民也不愁衣食,才会懂得讲究礼义廉耻。所以做皇帝的应该躬耕东郊,就是表示应该尊敬天授农时。如果国家没有九年的储备,就不足以防备水旱灾害;家里没有一年内可以穿的衣服,就不足以抵御寒冷。应该鼓励百姓们专心务农,勤于耕种,这样才能避免饥寒之患。"

李世民首先采取的措施就是赎回外流人口,这主要是指那些被迫卖身和被突厥掠去做奴隶的人口。据史载,贞观二年(公元628年)三月,

"关内旱饥,民多卖子以接衣食"。于是李世民下诏,"出御府金帛为赎之,归其父母"。隋朝末年,"中国人多没于突厥",其中还包括突厥俘掠的汉民和因为躲避中原战乱而入北者。就好像代州都督张公谨所说:"华人在北者甚众,比闻屯聚,保据山险,王师之出,当有应者。"由此可见,当时在突厥的汉人数目是非常大的,这也是唐初户口迅速耗减的原因之一。

  李世民在刚即位之时,就立刻注意到归还人口的问题。武德九年(公元626年)九月,突厥颉利可汗献马三千匹、羊万口,以此作为两国交好的礼物。尽管李世民急需马匹、牲口,但却没有接受马、羊的进献,只是"令颉利归所掠中国户口"。由于采取鼓励人口回流的措施,贞观三年(公元629年),仅户部的统计,"中国人自塞外来归及突厥前后内附、开四夷为州县者,男女一百二十余万口",其中还有不少陷没突厥而归附的人。贞观四年(公元630年),颉利可汗降唐。次年的四月,李世民"以金帛购中国人因隋乱没突厥者男女八万人,尽还其家属";同年,"党项羌前后内属者三十万口"。贞观二十一年(公元647年)六月,因为铁勒诸部内附为州县,李世民下诏说:"隋末丧乱,边民多为戎狄所掠,今铁勒归化,宜遣使诣燕然等州,与都督相知,访求没落之人,赎以货财,给粮递还本贯;其室韦、乌罗护、靺鞨三部人为薛延陀所掠者,亦令赎还。"

  隋末外流人口的回归,为唐政权提供了大量的劳动力,不仅是增加了剥削的对象,也有利于贞观时期生产的恢复和发展。为了保证有足够的赋役征调的对象,唐初统治者还制定了早婚和多生育人口的政策。贞观元年(公元627年)二月,李世民下诏:"男年二十,女年十五以上,及妻丧达制之后,孀居服纪已除,并须申以婚媾,令其好合。"李世民还把婚姻是否及时,以及户口是增是减,作为考核官员的重要依据。诏令中指出:"刺史、县令以下官人,若能婚姻及时,鳏寡数少,量准户口增多,以进考第。

第四章 跟李世民学让步——后退一步,海阔天空

如导劝乖方,失于配偶,准户减少附殿","其庶人男女无室家者,并仰州县官人以礼聘娶,皆任其同类相求,不得抑取"。由于徭役兵役都是需要男子承担的,因此为了增加赋役人手,李世民还鼓励男丁的生育。贞观三年(公元629年)四月,李世民颁布《赐孝义高年粟帛诏》,规定从这年正月开始,所有生育男孩的妇女,每人赐粟一石。

为了增加人口,李世民还几次释放奴婢。一次是在武德九年(公元626年)八月,李世民刚即位便下诏《放宫女诏》:"顾省宫掖,其数实多,恐兹幽闭,久离亲族。一时减省,各从罢散,归其戚属,任从婚娶。"第二次是在贞观二年(公元628年)九月,李世民派遣戴胄、杜正伦等"于掖庭西门简出之,前后所出三千余人"。这样大规模地释放宫女的原因,一来是为了便于节省开支,并缓和自隋末以来多余宫人所造成的矛盾;二来则是为了增加劳动力,使之随意婚娶,以便其建立家庭,生儿育女,从而间接地增加了人口。对于这件事的做法,李世民曾经这样说过:"妇女幽禁在深宫里,情况实在可怜。隋朝末年,朝廷不停地选取美女,最后导致皇帝临时居住的离宫别馆,甚至都不是皇帝驾临的处所,都聚集有许多宫女。这都是在耗费老百姓的财力,我很不赞成这种做法。而且宫女除了洒水、扫地、做家务之外,还能用她们来做什么?朕现在要把她们放出去,让她们自由婚配。这不只是为了节省费用开支,还可以解除这些人心中的怨恨,使他们各自得以成全自己的本性。"

此外,李世民还大力倡导僧尼还俗。自从南北朝以来,就盛行佛教,寺院内拥有大量的僧人尼姑。隋代崇扬佛学,允许大量的百姓出家,僧尼的队伍也是十分庞大。寺院日多,僧尼日众,使得国家的劳动人手和赋役的人日益减少,这种情况严重影响了国家对劳动力的控制和国家的财政收入。贞观年间,政府一边用法律手段遏制百姓剃度为僧尼,勒令违法入寺者还俗,一边还采取积极措施鼓励和提倡僧尼们还俗。后来

据统计，贞观年间还俗的僧尼就高达十余万人。政府倡导他们还乡生产，互相婚配，从而起到了增殖人口的作用，充实了农业生产和手工业生产的劳动力。

为了适应恢复和发展生产的需要，李世民对囚犯也采取宽松政策，为了让犯人也能投入生产劳动，尽量减少死刑。总之，为了进一步增加劳动力，恢复和发展生产，李世民可以说是费尽了心机，遍地都撒下罗网。也正是由于他所采取的积极政策和措施，全国人口得以迅速增长，为农业生产提供了大量劳动力。

然而，有了人口之后就必须得有正确的土地分配政策，这样才能调动人民的生产积极性。就像前面所说到的一样，刚得天下时，李世民面临着全国土地荒芜、灾荒遍地、人民流离失所、政府财政支出困难的局面。为了安定人心、发展生产，最主要的任务就是出台一个措施，制定一个政策，想方设法地把人民束缚在自己的土地上，合理地确定农民与土地的占有关系。只有这样才能调动起农民的生产积极性和创造力，充分地开发地力，增加农产品的收获量，实现经济增长的目的，从而使得人民衣食有余，国家富强。

然而，在唐政权建立之初，一方面，由于战争的破坏、人口的四处流散，造成大量土地一片荒芜；另一方面，在人口密集的地区，由于豪强地主的兼并，土地过分集中，农民又得不到足够的土地。这些情况只会严重影响农业的发展。

为了解决上面说到的这些问题，为了调动百姓的生产积极性，李世民开始大力推行均田令。均田令规定："凡丁男及十八岁以上的中男，各受永业田二十亩，口分田八十亩。老弱残疾者，给口分田四十亩，寡妻妾给口分田三十亩；若为户主，每人受永业田二十亩，口分田三十亩。有封爵的贵族，以及五品以上职事官、散官，皆按品级可授永业田一万亩至五百

第四章 跟李世民学让步——后退一步,海阔天空

亩。勋官则按勋级授田。"按照法令的规定,永业田都是传子孙,不再有收授之限;口分田"身死则收入官,更以给人"。法令还规定了授田时"先课役,后不课役;先无后少;先贫后富"。

在推行均田制的同时,李世民还对抢占夺取土地、阻碍均田的势力给予严重的打击。他知道,如果不抑制、不打击这些官吏和豪猾,他们肯定会侵害百姓,破坏均田制的实行。贞观初,长孙顺德被任命为泽州刺史,发现"前刺史张长贵、赵士达并占境内膏腴之田数十顷",顺德并劾而追夺,"分给贫户"。

为了有效地解决这一问题,李世民积极地鼓励狭乡农民前往宽乡,并制订了条例用来督促施行。可是,这一建议的推出却遭到了当时的陕州刺史崔善的反对。崔善认为,京畿地区是人口密集地区,这里的丁壮男人都被编入了军府,平时可以为农,战时可以为兵,他们对保卫京师的安全具有重要意义。如果任他们随便迁移,他们便会从朝廷所在的关中地区迁到关外,届时肯定会导致关中地区的兵力不足。作为国家政治军事中心的长安一带,若军事力量空虚,就无法对全国的局势做到举重驭轻的作用,首都的安全也会因此受到威胁。所以他认为,移狭就宽的建议不能适用于所有的地区,应该要区别对待。

权衡利弊后,李世民最终还是采纳了崔善的建议,但是仍然规定,除了"畿内之地"外,其他"户殷"的狭乡地区,仍然可以迁徙到宽乡受田,并会给予优惠政策。为了解决狭乡农民受田不足的问题,李世民还减缩苑囿,就是为了增加农民的土地。如贞观十一年(公元637年),洛州遭受水灾,李世民一面下令赈济,一面宣布"废明德宫及飞山宫之玄圃院,分给河南、洛阳遭水户"。这样就把苑囿化为农民的受田之地了,也就可以缓解部分的狭乡农民受田不足的状况,有利于均田制的有效推行。

在农业生产上,李世民还特别强调要"不违农时"。农业生产有很强的季节性,在不适时耕种,就会造成作物的减产和经济上的损失。因此,李世民严令禁止妨害农业生产的活动和行为,经常强调"不违农时"。用他的话解释,就是"人以衣食为本,凡营衣食,以不失时为本","农时甚要,不可暂失"。他经常派大臣到各地巡察,劝课农桑,但又常常担心使臣的出行会扰民生事,地方上的送往迎来会影响到农业生产。因此,贞观四年(公元630年),李世民很委婉地跟诸州考使大谈了一番"劝农"的道理。刚开始时,他先是强调"国以人为本,人以食为命。若禾谷不登,恐由朕不躬亲所致也"。接着,他又说自己曾在园苑里种了几亩庄稼,有时候锄草不到半亩,就感到浑身很疲乏,"以此思之,劳可知矣。农夫实甚辛苦"。由此他终于切入了正题,要求诸位使者到各州县时,"遣官人就田陇间劝励,不得令有送迎。若迎送往还,多废农业,若此劝农,不如不去"。在不违农时的基础上,李世民不仅对官吏严加要求,自己也是严格遵守,身体力行。

富而充足,民富则国强;富而思定,民富而国安。要想使国家得到长久的太平,就必须要以富养民,这样百姓才不会心生怨恨,才可以乐业安居。正因为是这样,李世民才不遗余力地大施富民政策,积极地发展农业生产。也正是因为他积极地采取了一系列措施,最终使得贞观初年民业凋敝的社会局面得到了扭转,国民经济也渐渐得到了恢复。到了贞观三年(公元629年)时,关中地区已由贞观元年(公元627年)的一片荒芜转变为粮食的大丰收,逃荒在外的人民也纷纷回到家乡——八百里秦川。贞观六年(公元632年)时,原本就不发达的关东地区也由人烟断绝、道路萧条变成了牛马遍地的粮食富产区。乃至后来,国运日益兴盛,使得当时出现了一派欣欣向荣的和乐景象。商人旅客在野外住宿,也不会再有盗贼去抢劫的现象,监狱也常常空着。马牛成群遍布四野,住宅向外的门也用不着锁。粮食又是连年不断获得丰收,每斗米的价格也就只值三四钱。行人旅客从京城到岭表,从山东到沧海,都用不着携带干粮,可以直接在沿途取用。进入山东的村落,过往的行客一定会得到优厚的供给和接待,有人在离开时还会受到馈赠。

这些前所未有的景象的出现,以事实验证了李世民富民政策的极大成功。

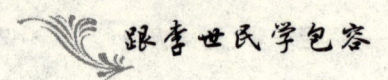

五、让步于轻徭薄赋

因为隋炀帝的横征暴敛破坏了社会生产,激化了社会矛盾,才导致了隋朝的覆灭。这一切都是李世民的亲见亲闻,对他的影响也很大。鉴于这一深刻的历史教训,李世民在即位之后,为了恢复民力,就推行轻徭薄赋政策。他明确地指出:"隋炀帝求觅无已,内则淫荡于声色,外则剿人以黩武,遂至灭亡。朕睹此,但以清净(静)抚之。"所谓"清净抚之",就是为了减轻人民负担,发展农业生产,可以让百姓"家给人足"。李世民早已意识到轻徭薄赋的意义重大。"今省徭赋,不夺其时,使比屋之人,恣其耕稼"。也就是说,减轻徭役不仅使农民不至于因服役而耽误农时,也能全力以赴地搞好农业生产,从而民富而国安。

对于横征暴敛这件事,应该说李世民是有着深刻认识的。在即位之初,他便对群臣说:"皇帝依赖于国家,国家依赖于人民。用剥削人民的方法来奉养皇帝,就好像割肉充饥,肚子饱了而身死,皇帝富裕然而国家灭亡。所以做皇帝的祸患,不是外来的,常常是从自身产生的。皇帝的贪欲强盛,浪费就越严重;浪费越严重,人民的赋役负担就沉重;赋役的负担越重,人民就会愁怨;人民愁怨,国家就会有危险;国家有危险,皇帝就会丧失天下。我经常是这样考虑问题的,所以就不敢放纵自己的欲望。"

贞观初年(公元627年),李世民再一次向大臣强调了自己的这一思想,并用割股啖腹之喻来自我警诫。他说:"身为一国之君,治国之道首先必须得保障老百姓的生存利益。如果以损害老百姓的利益为代价,来供奉皇帝一己之乐,那就好像是割自己腿上的肉用来充饥。肚子虽然饱了,可是命也就没有了。"

第四章 跟李世民学让步——后退一步，海阔天空

贞观九年（公元635年），李世民再一次阐明横征暴敛的利害时说道："我近来读周史和齐史时，发现末代的亡国之主，作恶的情况大多是相类似的。齐后主高纬特别喜好奢侈，把所有府库里的财物都挥霍殆尽，以致于官场上都没有不横征暴敛的。我常说这好比嘴馋的人要吃自己身上的肉，肉吃光了，自己也就死了。国君不停地赋税敛取，老百姓被搜刮净尽，而自己也要灭亡了，齐后主就是这样。"正是在这种潜在的思想意识的警诫下，李世民在其执政期间，处处都以轻徭薄赋为理念，多次下达免赋的诏令，并一再要求减轻百姓徭役负担。

李世民在即位之初，鉴于"武德以后，国家仓库犹虚"，于是颁诏减免全国的赋役，诏曰："免关内及蒲、芮、虞、泰、陕、鼎六州二岁租，给复天下一年。"从那之后，他又在局部地区多次减免租赋。根据史实记载，类似于这种减免大概有十多次，即：贞观元年夏，山东诸州大旱，免当年赋租；四年十月，陇、岐二州，给复一年；十一年正月，免雍州当年租赋；同年三月，免洛州租调一年；十二年二月，免朝邑当年租赋；十三年正月，免三原县租赋一年；十四年正月，免雍州长安县延康里当年租赋；十五年四月，免洛州租一年，迁户故给复者加给一年；十七年三月，给复齐州一年；二十年正月，赦并州，起义时编户给复三年，后附者一年；二十二年二月，慰劳京城父老，蠲免当年半租，畿县三分之一；同年三月，给复宜君县人自玉华宫苑中迁者三年。

根据史书上的记载来看，贞观时期几乎年年都会下达减免租赋的诏书。不仅是这样，李世民还规定："凡新附之户，春以三月免役，夏以六月免课，秋以九月课役皆免"，"奴婢纵为良人，给复三年"。同时，为保证下发诏令的顺利执行，防止暴官慢吏会上下其手、鱼肉百姓、任意地增加赋役额，李世民又下达诏书规定："凡税敛之数，书于县门、村坊，与众知之。"并且根据水、旱、霜、蝗等自然灾害的轻重对受灾各地另外减免赋

役:"水、旱、霜、蝗耗十四者,免其租;桑麻尽者,免其调;田耗十之六者,免租调;耗七者,课、役皆免。"

要减轻百姓的赋役负担,就必须得注意节约国家财政开支。因此,为了减缩军费支出,李世民还并省州县,精简各部官员,在军事上完善了府兵制,尽量减少和避免不必要的战争发生。甚至,他还克服了人们所常有的好大喜功的欲望,拒绝了西域康居国归附唐朝的请求。

贞观五年(公元631年),西域的康居国请求归附唐朝。当时李世民就对身边的侍臣们说:"前代的帝王,大多都是千方百计地想拓展疆土,以求身后的虚名。实际上这种做法对自己没有什么好处,还弄得老百姓也贫困不堪。如果是对一个人有利而对老百姓是有害的事,我一定不会去做,更不用说只为求虚名而损害老百姓利益的事!康居国一旦归附到朝廷,他们在有急难时,我们又不能不救。那时军队就要远行万里,这样怎么能够不劳烦人民?劳烦人民去取得个人的虚名,这也不是我想做的事。因此,康居国请求归附的事我不能答应。"舍弃能够享有的美名,只是为了不累及百姓,李世民克己之戒,可以说是深也!他这样做,又怎么会不让百姓心存感激呢?慎思慎行,冷静之至,若不是有大隐大智之人,又怎么能行之若此!

贞观二年(公元628年)九月,突厥寇边。有些大臣请求修古长城,调集百姓去筑堡设障,驻守边境。对于这种修长城来防备边患的老办法,李世民不怎么赞同。他知道秦代为修长城而劳民伤财,给百姓也造成了很大的灾难,所以他说:"突厥连年遭受天灾人祸,颉利可汗不怕亡国灭种,不施仁修德,反而是更加的残暴,以致于内部分裂,骨肉相攻。我正要为你们大家扫清沙漠,哪里还用得着劳扰百姓到遥远的边境地区去修筑长城障塞呢?"

减免租赋,只是暂时地与民休息,而无法创造出新的物质财富,所以

第四章 跟李世民学让步——后退一步,海阔天空

只能作为一种权宜之计来用。真正的长久之策,仍然是尽量少征徭役,减少百姓的劳役之负,从而让他们拥有更多的时间去从事生产,大力增加社会的财富。

减免徭役负担的一项重要措施便是租庸调制。在唐朝建立之初,这一制度就得以颁行,贞观时期李世民又进一步对之加以修正。这种制度规定:受田户每年每个男丁缴纳二石粟,叫做"租";每个男丁每年服役20天,如果没有或不服徭役则以绢代役,每天折合三尺绢,这叫做"庸";根据各地的不同情况,每年每丁交纳两丈绢、三两丝绵,或者两丈五尺布、三斤麻,叫做"调"。如果国家有特殊情况,需要男丁服役超过规定的20天,称为"加役"。凡加役15天以上的,免除他的调,加役30天以上的则全年的租、调全免。但加役也不允许没有节制,一年中通常的正常役不得超过50天。租庸调制中含有可以绢代役或以庸代役之义,这样,不仅可以保证国家的财政收入,也使百姓可以根据自己的情况来选取服役方式,予以灵活变通。这样他们就能够免除或减少力役,使自己有更多的时间从事于农业生产。

隋炀帝时,就以徭役繁重著称。他利用自己手中的权力,强制人民从事各种无偿的劳役活动,"大兴土木,滥用民力",最终造成"耕稼失时,田畴多荒","百姓困穷,财力俱竭"。同时,他"驱天下以从欲,罄万物而自奉,采域中之子女,求远方之奇异。宫苑是饰,台榭是崇,徭役无时,干戈不戢",再加上三次进犯高丽,"大肆征调,转输之期",最终导致"民不堪命,率土分崩",将人民推上了死亡绝望之路。

亲眼目睹了这一切,于是李世民尽克己欲,躬行节俭,从不敢轻易使用民力。例如,贞观元年(公元627年),李世民本来打算营造一座宫殿,材料都准备好了,但是一想到亡秦的教训,于是就"鉴秦而止"。贞观二年(公元628年)八月,群臣再三建议李世民可以营造一座高燥的台阁,以改

善"宫中卑湿"的条件,但是李世民还是坚决不允许。贞观四年(公元630年),他又对大臣们说:"崇饰宫宇,游赏池台,帝王之所欲,百姓之所不欲……劳弊之事,诚不可施于百姓。"同年,李世民派发士卒修洛阳乾元殿,在大臣张玄素的劝谏下放弃了想法,"所有作役,宜即停之"。贞观五年(公元631年),李世民打算修洛阳宫,民部尚书戴胄表谏:"乱离甫尔,户口单弱,一人就役,举家便废。"他的话又提醒了李世民,于是李世民对其赏而纳之。这样力减大量"劳弊之事",从很大程度上增加了百姓在自己土地上的劳动的时间,这样做对经济的复苏极为有利。李世民所谓的"轻徭薄赋,务在劝农,必望民殷物阜,家给人足"的意图也就很容易实现了。

除此之外,李世民还大力运用法律的手段,对役使民工的行为加以限制。《唐律疏议》卷十六中规定:"修城郭、筑堤防,兴起人功,有所营造,依《营缮令》,计人功多少,申尚书省,听报始合役功。或不言上及不待报,各计所役人庸,坐赃论减一等。"《唐律》中有对违令者予以刑事处分的规定,显然也是为了防止官员滥用民力,这与上面的种种策略可以说有殊途同归之意。

百姓希望可以休养生息,但各种徭役却无休无止;百姓都已经穷困疲敝,但奢侈的事务却一刻没有停止,国家的昏衰破败,常常是由此而起。徭役最为百姓所惧恨,因而过分苛重必定会导致纷乱四起。也正因为这样,轻徭薄役又最易使百姓感恩。百姓得以休养生息,才能富而思治。作为一代明智之君,李世民当然会选择后者,因而带来了百姓安乐、国家富强的局面,政权也因此得以稳固。既然民富即为国富,既然"普天之下,莫非王土",那么,他又为什么要劳神费心、掠己失美地去做一些吃力不讨好的事呢?自割其肉的傻事李世民当然不会甘而为之。

六、让步于去奢省费

"台榭相望者,其上下相怨也",奢侈肯定会劳民,劳民肯定会导致天下大乱。纵览古史,因为统治者的生活奢侈、滥用无度而导致亡国的事例可以说是屡见不鲜。隋炀帝的奢侈亡国,就是最切近最真实的一个例子,这也时时刻刻给李世民敲着警钟。因此,从即位伊始,李世民就处处以亡隋为鉴,力倡节俭之风。

李世民对大臣说:"隋炀帝在许多地方都有建造宫室,只顾着自己尽情地行幸玩乐。从西京到东都,沿途到处都是离宫别馆,甚至连并州、涿郡也都是如此。驰道都宽广数百步,两旁都栽上树木用作修饰。沉重的徭役已经超过了人民所能承受的能力,百姓都互相聚集,为贼作乱。及至炀帝末年,连一尺大小的土地也都不属于一个百姓自己所有。由此来看,广建宫室,尽情游幸,到底能有什么好处呢?这都是我亲耳所闻、亲眼所见的事实,我自己也深以为戒,所以一直不敢轻易动用百姓,害怕浪费人力,只希望百姓们可以安居乐业,没有怨恨和叛变的发生。"去奢省费的思想根源从此中也可见一斑。

贞观六年(公元632年),李世民又对身边的侍臣说:"自古帝王,但凡有兴工建造,必须得尊重和顺应物理人情。过去大禹开凿九州之山,疏通洞庭湖周围九江之水时,虽然使用了很多人力,但却没有抱怨诽谤的。这说明所做的事正符合人们的心愿,是天下大众共有的意见。秦始皇营建宫室,引起了国内多数人的诋毁和诽谤,是因为他为了满足个人的私欲,根本不考虑百姓在想什么。朕也原本想建造一个宫殿,木材和其他用料也已经置办齐全,可是后来想到秦始皇的所作所为,最终放弃这一决定。

古人说:'不搞无益之举以损害有益之事。看不到贪欲之事出现,民心就不会混乱。'所以帝王出现贪欲之事和民心的混乱是连在一起的。至于像雕刻供欣赏的各种器物,以及收求珠玉、华丽的服饰、玩物之类的事,如果任凭帝王的骄奢,那么国家的灭亡也指日可待。"因此,李世民命令王公以下的大臣,其宅院、车马服饰以及婚嫁、丧葬用品,要严格按照其品级秩爵的有关规定执行,那些一切不符合要求的都应当下令禁绝。去奢寡欲,成了他日常生活的指导思想,在这一思想的指导下,此后的20年里,整个国家都是风俗简朴,衣无锦绣,从而也使得财帛富饶,人民免受了许多饥饿寒冷的危害。

贞观二年(公元628年),大臣们上奏说:"按照《礼》的要求,季夏之月,可以居高台楼阁。现在,夏天的暑热还没消退,秋天的霖雨季节刚开始,陛下居住的宫室又低又湿,请建造一个小阁子住下来。"李世民并没有答应,他说:"我有气疾,的确是不适合住在低洼潮湿的地方。但是如果我听从你们的建议,浪费一定会很多。以前汉文帝打算修造露台时,就因为考虑到要花费十户人家的财产而不再兴建。我功德还赶不上汉文帝,所耗费的财物却远远超过他,这哪里是为民父母应该遵守的原则呢?"因此,虽经大臣们再三请求,李世民最终还是没有答应。

贞观四年(公元630年),社会经济稍有好转,李世民打算东巡洛阳,于是就下令修复乾元殿,以供"行事"时使用。给事中张玄素便竭力上谏,力陈修复之弊端,言词激切。他批评李世民这个做法是劳人费财,比隋炀帝还要严重。李世民一时觉得非常难堪,就恼火地问张玄素:"你说我不如隋炀帝,那么和夏桀、商纣王相比又怎么样呢?"张玄素回答说:"如果你一定要修乾元殿,那就和夏桀、商纣王是一样的,定会导致国家的动乱!"张玄素的话提醒了李世民,想到因奢侈导致亡国的历史教训,他感叹说:"这件事我没有经过认真思考,才造成今天的局面。"于是他又极力克制住了自己,听从了

第四章 跟李世民学让步——后退一步,海阔天空

张玄素的意见,然后对房玄龄说:"今天玄素上表于我,我看过后,觉得确实不应该修建洛阳宫殿。将来如果有事必须到洛阳去,露天居处也不会感到辛苦了。"于是下令,"所有作役,宜即停之"。

同年,提起去奢从俭一事,李世民无限感慨地对大臣说:"帝王所希望的是把宫殿修饰得高大漂亮,在水池亭台中游玩欣赏,但这却不是老百姓所希望的。帝王想这样做的目的是为了享受,老百姓不希望这样做是因为劳民伤财。孔子曾说过:'有一言而可以终身行之者,乃仁恕之道!己所不欲,勿施于人。'劳顿疲惫、苦不堪言的事情,的确不能强加给广大百姓。况且我身为帝王之尊,富有四海,倘若什么事都可以按照自己的意愿去做,确实能够自我节制。但是只要百姓不想做,我一定顺应他们的意愿。"

魏征在旁,立即给予李世民肯定和鼓励,他说:"陛下本来就是爱护百姓,常常以节制自己的欲望来顺应百姓的要求。我听说:'以自己的欲望服从百姓,国家就昌盛;以牺牲百姓的利益使自己快乐,国家就会败亡。'隋炀帝奢侈无度,每当有关官署来供奉营造的东西,稍有不如意的地方,就会对他们施以严刑重罚。皇族喜好什么,下面的人必定竞相仿效。如果上下争相奢侈,放纵没有限度,最终必定导致灭亡。这不仅是史籍有记载的,也是陛下亲眼所看见的。因为隋炀帝荒淫无道,所以上天才让陛下取而代之。陛下如果感到满足,现在拥有的就不仅仅是能够满足,而是远远超过了自己的欲求;如果感到不满足,那么即便有超过现在千万倍的财物,也不会感到满足。"李世民欣然采纳了魏征之言,以此再次申明了自己屈己抑情的主张。

在这一思想的指引下,贞观之初,李世民不仅没有大肆兴修土木工程,甚至当洛阳遭受水灾、百姓房屋被毁时,他还下令拆毁了洛阳的一些宫殿,将木材分给百姓以供修房使用。这种力倡俭朴的做法,在很大程度上减轻了百姓的负担,也进一步缓和了朝廷与百姓的关系,安定了百姓

之心，为李唐江山的长治久安无疑起到了很大的作用。

尽量少修宫殿，少征役人民，基本成了整个贞观时期李世民用来自律的一个行为准则。甚至到了贞观后期，国家经济形势已经日渐好转时，他也依然是行之不怠。

贞观十三年(公元639年)，李世民本来准备要修建一座宫殿，但是，几经考虑之后，他还是对侍臣们说："我近日读到前赵的《刘聪传》，书中说刘聪准备为刘皇后建凰仪殿，廷尉陈元达恳切劝谏，刘聪却大怒，命令将其推出斩首。刘皇后得知后，亲自书写奏章请求释放陈元达。真切感人的言辞，逐渐缓和了刘聪的怒意，并让他感到十分惭愧。人们读书，就是想要扩大自己的见闻来帮助自己，我看完这件事后十分感动，并深深以此为戒。近来我本想在旧殿的基础上重新建造一处楼阁，而且已经在蓝田县开伐好了木料，其他也已筹办完备。但联想到刘聪之事，也就放弃了这个打算。"没有经过臣下劝导，李世民自己便能主动打消一些奢侈之念，究其原因，无非是由于忧亡之深方日显戒己之切。而正因为戒己之切，才得以让百姓安宁，国家终得大治。

屡次放弃封禅的诱惑，对李世民更是一次去奢省费的巨大考验。封禅是封建社会的大典，"封"是指在泰山顶上设坛祭天，"禅"是指在泰山附近的小山上祭地。举行封禅的目的是"告成功于天地"。名义上是敬天地，实际上是为了宣扬天子的威德。封禅大典仪式隆重，需要花费大量的人力物力。

贞观五年(公元631年)，新生的大唐王朝终于度过了创业的艰难和建国初的灾荒，再一次迎来了丰收之年。于是就有各地方的负责官员上表，建议李世民举行象征皇帝威仪和天下太平之兆的封禅仪式。虽然当时国家已经走上正轨，但李世民经过仔细考虑得失之后，最终没有同意进行封禅。他还下诏说："眼下虽已'海外无尘，远夷慕义'，然而，由于战乱的

第四章 跟李世民学让步——后退一步,海阔天空

破坏太过严重,眼下社会凋敝的局面尚未完全恢复,大量的土地还没有得到开垦,储积也不多,仓库还是很空虚。如果说已经是家给人足,我自己还感到非常惭愧。在这种情况下,我哪里敢冒昧地效法前代帝王?到泰山封禅,那只能被人们讥笑是虚美。"

然而,能够封禅,毕竟也是一件极为荣耀之事。封禅可以粉饰太平,正所谓"封禅以告太平也"。只要谁创造了太平盛世,就应该给以封禅,表明他有德政,功绩不凡。相传上古时期伏羲、神农氏、炎帝、黄帝、尧、舜、禹、汤、周成王都曾在泰山封禅。李世民作为一朝之君,时时刻刻都在克己节欲,礼臣爱民,无非也是为了努力创造一个欣欣向荣的太平盛世,留下一世英名。因此,在李世民心中,也十分渴望自己能有朝一日带领着万乘千骑,封禅于泰山,在泰山上留下自己的盛名。

因此,当再次接到大臣们请求封禅的奏表的时候,李世民在内心不由得也开始发生了动摇。然而,在群臣的一再劝诫下,李世民正准备顺水推舟地就势答应下来的时候,魏征却前来进谏了。魏征先是指出,如果举行封禅大典,千乘万骑,兴师动众,所到之处,供应必然耗费很大,会加重地方政府负担,也必定会厚敛百姓,加重百姓贡税负担,这只不过是博虚名而受实害,徒损而无益。指出封禅所带来的劳民伤财之弊以后,魏征又指出,现在天下虽然相对太平,但百姓所受恩泽还不够多,连年收成虽然尚佳,但粮库还是很匮乏,国家物资还不足以供封禅之用。紧接着,他又以人久病初愈便使之伤筋动骨为喻,指出国家元气尚未得到完全恢复,现在急于封禅告功,实在不妥。并警诫李世民说,倘若日后发生了水旱灾难,国家必然无力抵御,到时即使招致庸人之难,再后悔已迟,更无言喜庆之辞了。

一番话,说得李世民连连倒吸凉气。尽管他一直极其渴盼能像秦皇汉武那样搞一次封禅,来慰藉自己,使自己可以陶醉于那种君临天下、呼风唤雨、随心所欲的满足感之中。但是,理智却又在提醒他,封禅一事是彻头彻尾的劳民伤财,于国于民都没有任何好处可言。他渴望封禅之誉,但如果因此不能关注人民疾苦,所谓的封禅之誉对成为一代圣君来说,只不过镜中之花、水中之月,一切只是徒然罢了。秦始皇在建立一统天下的封建王朝之后,只陶醉在无尽的喜悦之中,好大喜功,穷奢极欲。为了显示自己的功德和权威,在十余年内,秦始皇曾多次巡游。他在泰山封禅,就和秦始皇巡游一样,都是在浪费国力、民力。汉武帝承文景之治,国力强盛,他当时去泰山封禅时,虽没有危及江山社稷,但也是浪费财力。现在刚刚建立国家,战争的创伤尚未完全消除,百姓还渴望安定,生产仍亟待恢复。当此之际,大举封禅之事,极有可能会危及到社稷安危。思及至此,在一阵沉默之后,李世民说道:"帝王的贤明与否,不在于是否封禅。如果百姓不富足,外族频频入侵,就是举行了封禅的礼仪,也与桀纣无异。封禅之事,就算了吧。"就这样,为了不劳民伤财,不增加人民的徭役赋税,李世民强行忍住诱惑,抵制住了封禅耀己的渴望,减轻了百姓的劳苦,也使得自己成为历史上虽未封禅但却名扬史册的一代盛世之君。李世民的这种克己之智,实在是难能可贵。

身为万人之尊,"普天之下,莫非王土,率土之滨,莫非王臣",李世民却一再克制自己的欲望,自然是有他的原因的。对此,他在其所著的《帝范》一书中就有所表露,他说:"乱世之君,生活极其骄奢淫逸,任意放纵自己的嗜好和欲望。居住的宫殿披红布挂彩绸,而百姓却连粗陋的衣服也不完整;喂养的犬马有吃不完的肉和饲料,而百姓却连糟糠之食也吃不饱。以致民众怨恨,神明愤怒。国家政策和人民的生存需求相抵触,官府和民众形成敌对仇视的双方。君主的安乐放荡还没有结束,国家倾覆危亡的时刻就已经到来。这就是要禁止奢侈的原因啊。"

第五章

跟李世民学宽恕

——捐嫌弃怨,既往不咎

作为一国之主,一朝之君王,如若能够做到胸襟宽广,做到捐嫌弃怨、既往不咎,定能成为一宽仁之主,能够施以仁政,让百姓得以安居乐业;也会有宽恕之心,迎来众多能人贤士为其鞠躬尽瘁,死而后已。

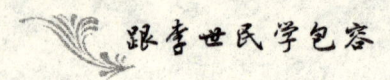

一、捐嫌弃怨,让政敌为己所用

人才被选到哪方阵营里,只是机遇的问题而已。进入阵营之后,人们都是各为其主,竭虑尽忠,这是理所当然的事情。所站的阵营不同,但人才终究是人才,只要没有为恶首,为什么不把他们化而为友,取为己用?收人才而不去求人才,可以实现事半功倍之效。李世民深明此理,因此不计前仇,巧妙地启用了昔日政敌,最终使得敌方的众多才俊之士,纷纷投入到自己麾下。收服魏征便是极为典型的一个例子。

魏征原来是在东宫任太子洗马,这是个侍奉太子并为东宫掌管经史图籍的官职。武德年间,魏征就曾多次劝李建成采取果断措施,及早除掉秦王,杜绝后患。魏征为了巩固李建成的太子地位而费尽心机,因此最让李世民所痛恨。玄武门事变之后,太子党人纷纷逃亡,魏征却和以往一样,端然不动。对待如何处置魏征这件事上,李世民心中也没有好的定论。他既非常痛恨魏征,但又知道魏征也是一个可用之才,因此犹豫不定。就在这时,大将尉迟敬德站出来说话了,他说:"谋社稷,乱国家,罪在二凶。今二凶已除,谋杀其诸子已觉过分,何况要牵连其党羽?东宫大臣为建成出谋划策,也是尽臣子之职,何必追究?二人党羽甚多,天下恐将大乱。"他的言下之意,就是不同意再斩杀魏征,可以将其收为己用。长孙无忌和房玄龄也都一一上言。长孙无忌说:"魏征虽然是罪大恶极,但他也不失为忠臣,至少是一位称职的能臣,幸亏没有让建成所用。"李世民总觉得长孙无忌话里有话。房玄龄也说:"魏征并不是等闲之辈,朝野中人士无不敬慕他的为人,欣赏他的才学。如果杀了魏征,会令士人寒心,请陛下要三思。"李世民思考良久后说:"明日看看他的态

第五章 跟李世民学宽恕——捐嫌弃怨,既往不咎

度如何再做决定。"

次日,李世民召见百官,命令魏征上前来答话。魏征奉诏前来,好似胸有成竹,不卑不亢。李世民面带怒容,厉声问道:"魏征,你为什么要离间我兄弟?"许多大臣都为魏征紧捏一把汗,大家都知道他性情耿直,一旦激怒了李世民,是会招来杀身之祸的,所以都很为他担忧。魏征却从容地说:"先太子若早就听从臣之言,肯定没有今日之祸。人们都是各为其主,臣并无错处。当年的管仲不是还曾射中公子小白的带钩吗?"言外之意,是说玄武门之变并不能判定你和我谁胜谁负,李建成如果当时采纳了我的建议,你秦王也不会有今天。魏征以毫不委曲求全的姿态和口气,坦然承认了事实,让李世民很意外。同时,由于魏征巧引管仲当年为齐桓公之兄公子纠效力,差点射杀齐桓公的典故来为自己辩解,这也使得李世民不由自主地心生一震。齐桓公后来重用管仲治理天下的事件可以说是妇孺皆知,而自己若以一国之君之名杀了魏征这样尽事其主的忠臣,不是既坏了自己的名声又白白失去了一个人才吗?更何况,这样一来,天下的英才若都将自己视为肚量狭隘枉杀大臣的暴君,自己又怎样御其力而大治天下?想到这里,出于对人才的爱惜,再加上又好面子,李世民立刻转怒为喜,抚掌大笑,并请魏征入座,任命他为詹事主簿,后来又将他提升为谏议大夫。

李世民的这一举措不可谓不高也。他深刻地认识到,李建成已经死了,他手下的旧僚不可能对自己形成什么威胁,也正可以楚才晋用,变消极因素为积极因素,让他们为新的统治集团效命。魏征所任的詹事主簿一职,就是掌管太子詹事府的印信纸笔,并没有实权。作这样的一个任命,既体现了李世民对东宫旧党的宽大政策,又不会对自己的权力构成威胁,还可以借这件事对魏征加以试探。李世民的心机不得不说是高深莫测。到了后来,魏征先是成功安抚了山东地区,又是事事都竭忠尽力,李世民才改任他为谏议大夫,让他步步高升。每次想到任用魏征一事,李世民都颇为得意。贞观六年(公元632年),在九成宫丹霄楼的赏月夜宴上,李世民满心欢喜地说:"魏征往者实我所仇,但其尽心所事,有足嘉者。朕能擢而用之,何惭古烈?"李世民重新起用魏征,真的可以说是既得面子,又得实惠。

除了魏征之外,李世民还将王珪、韦挺、冯立、薛万彻等一大批文才武将从李建成府中收为己用。武德九年(公元626年)六月四日,李建成被杀,东宫翊卫车骑将军冯立感叹说:"岂有生受其恩,而死逃其难乎!"于是,冯立率兵攻打玄武门,杀死了屯营将军敬君弘,又声称"微以报太子矣"。这些足以说明,冯立此人就是李建成的"心膂",一个只知道愚忠于主子的党羽。六月五日,冯立前来请罪,李世民斥责说:"汝在东宫,潜为间构,阻我骨肉,汝罪一也。昨日复出兵来战,杀伤我将士,汝罪二也。"但是,只要冯立表示悔改,李世民就会"慰勉之",授以左屯卫中郎将。冯立激动地回答说:"逢莫大之恩,幸而获济,终当以死奉答。"后来,突厥至便桥,冯立与突厥在咸阳发生了战争,杀获甚众,迁为广州都督,在职数年,有很多惠政。李建成的旧将薛万彻,曾经带兵攻打玄武门和秦王府,失败后与数十骑逃亡到终南山。李世民派人请他回来,"以其忠于所事,不之罪也"。薛万彻随李靖击突厥颉利可汗于塞北,又随李靖击吐谷浑,成为了贞观后期与李勣、李道宗齐名的三大名将之一。冯立和薛万彻二人都没有辜负李世民的期望。由此可见,李世民的恩抚政策不仅有利于东宫党羽的转化,还在以后国家治理的过程中成效显著。李世民一敞胸襟,获利颇多。

王珪、韦挺原来也都是李建成的亲信。在李建成为世子的时候,王珪被引为世子府的谘议参军。李建成做太子后,王珪被封为太子中舍人,不久又转迁为太子中允,很受李建成的敬重。韦挺任太子左卫率。武德七年

第五章 跟李世民学宽恕——捐嫌弃怨,既往不咎

(公元624年)六月,因牵涉到杨文干起兵谋害李世民的案子,他们二人做了李建成的替罪羊,被流贬到巂州。那次的谋害事件,王珪和韦挺也都参与了策划。对此李世民不是不知,但是王珪是一个"贞谅有器识"之人,李世民也"当知其才",韦挺也不失为一个贤臣。于是,玄武门事变之后,李世民将他们都召回,任命为谏议大夫。谏议大夫是门下省官职,四员,掌侍从规谏,只有建议权,没有决策权。这与对魏征的任命有着异曲同工之妙,都有着重新起用以观后效的用意。李世民能够不计前嫌,将他们收为自己的部属,不罪反升,他们当然会感恩戴德,誓死尽忠。王珪和韦挺后来成为贞观时期的重臣,为李唐的江山鞠躬尽瘁。

值得一提的是,王珪、魏征本来是仇敌,在李世民巧妙的任用下,二人后来竟然都成为了李世民的近臣。贞观六年(公元632年),李世民在丹霄殿宴请近臣,王珪、魏征也应召在座,对此长孙无忌感慨地说:"王珪、魏征,昔为仇雠,不谓今日得同此宴。"从他的这句话中就可以看出,李世民的化敌为友的方法已大见功效。

对于李世民宽待敌对势力的命令,在执行的过程中,有些地方出现了问题。一些地方官员没有理解李世民宽容政敌的意义和决心,为了邀功请赏,他们没有认真执行李世民的旨意,反而大肆搜捕原东宫和齐王的余党。这些逃亡在外的余党,终日惴惴不安、人心惶惶。为了生存下去,他们不得不过起了打家劫舍、胡作非为的生活。李世民在谏议大夫王珪的奏报下,知道了此事,当即下令:"如违宽容之策者,反坐。"

武德九年(公元626年)八月,李世民正式即位。即位之后,当即诏令天下,免关东赋税一年。如此皇恩浩荡,关东百姓"老幼相欢,或歌且舞"。后来李建成的死党燕王李艺准备在泾州起兵谋反,谁知还未起事就被部下所杀,并把他的首级送到长安。这件事充分表明,在李世民的开明政策的安抚之下,国内局势已经安定。

山东是李建成的势力范围,在山东,有很多忠于李建成的旧部和百姓。李世民刚即位时,对山东一带非常痛恨,国家很多惠民政策都明令山东不能享有。然而后来,在宽容原东宫旧部的同时,又有殿中侍御史张行成的建议,李世民慢慢消除了对山东人抱有的偏见,把山东人和关中人同等对待。而且,为了国家能聚集更多贤士,李世民不仅仅重视士族高门,对于普通的微族寒门也同等对待。魏征、崔仁师等人就是其中的代表,这就进一步笼络了各阶层的山东士人。由于这些出身低微的人长期生活在社会底层,熟悉基层民情,重用他们对迅速稳定河北、山东地区非常有利。李世民出台这一举措之后,很快就在关中、山东树立了威信,稳定了政治局势。

胜利者对待过去的敌人,到底是该彻底清算、残酷镇压,还是既往不咎、化敌为友?当然,李世民选择了后者。他深刻地认识到,滥杀只会破坏政治的稳定和社会的安宁。当年秦王朝建立后,只知道一味集权专制,焚书坑儒,加上严刑酷法,滥施淫威,横征暴敛,使百姓苦不堪言,最终导致几十年后江山就得而复失。后世的隋炀帝也同样残暴无道,重蹈覆辙。迷信武力,而使人们永远生活在恐惧之中,这绝对不是一种明智的治国之道。如果对他们施以怀柔,将他们揽于己方羽下,为我所用,岂不是更好?

二、用诚挚之心，揽得力将帅

已经有了正确的战略方针，还要有得力的干将才能实施。有了得力的干将，还必须能够为其竭力尽忠，尽献其才。将帅在战场上是否忠勇，关乎整个战争的胜败。因此，李世民总是处心积虑，精选将才，同时也巧施方略，驭臣于股掌之间。李世民驭臣秘诀不外乎"诚"、"信"、"爱"、"赞"四字，就是凭此四字，掠得将帅们为他拼死效力，竭智退敌，收获了四两拨千斤之奇效。

谈论到唐朝武将，不得不提李靖。李靖是唐初贤臣良将集团中"才兼文武，出将入相"的人物。他"少有文武才略"，其舅父韩擒虎也是隋代名将，"每与论兵，未尝不称善"，夸李靖是当今唯一"可与论孙吴之术"的人。

隋朝末年，李靖担任马邑郡丞一职，李渊率兵出塞抗击突厥时，来到此地。李靖发现李渊有夺权称帝的野心，打算到江都向炀帝告发李渊。当他赶往长安时，因为道路不通被耽搁了。唐军攻入长安，李靖被捕，李渊在盛怒之下打算将他斩首。李靖大叫道："你兴起义兵，为天下除暴乱，难道不想成就大事，而因为私怨就杀壮士吗？"李渊听了这句话，知道他并非寻常人物，不由为之动容。李世民是一个爱才心切的人，当时就在旁趁机劝谏父皇说："李靖是天下名士，杀之不祥。其才甚高，杀之可惜，如为我所用，可当十万大军。"于是李渊就下令释放了李靖，答应李世民的请求，把李靖分给秦王。

归附李世民后，李靖受到了充分的信任，终于实现了其"遭遇明主"的愿望，一展平生才华。隋末时李渊起兵太原，李靖也顺应潮流，追随李世民，从此开始了他的军事生涯。他从讨王世充起，先后参加和指挥了南灭萧铣、东平辅公祏的战役，为唐王朝的统一作出了卓越的贡献。在战争中，他表现得临机果敢，料敌如神，出其不意，克敌制胜。定襄大捷之战就是他出奇制胜的典型范例。据说当时捷报传至时，李世民欣喜若狂，由衷赞道："靖以骑三千，喋血虏庭，遂取定襄，古未有辈，足澡吾渭水之耻矣！"李靖也因这场战役而被晋封为代国公。

贞观四年（公元630年）五月，御史大夫萧瑀弹劾"李靖破颉利牙帐，御军无法，突厥珍物，掳掠俱尽，请付法司推科"，"上特敕勿劾。及靖入见，上大加责让，靖顿首谢"。李世民心里知道却回护而不加罪，私下严加责备而没有轻纵，可以说是宽严相得。过了一段时间后，他解释这样做的原因是吸取隋帝"有功不赏，以罪致戮"教训的结果，因此他采取了驭将以爱的方法。因此，加官李靖为左光禄大夫，赐绢千匹，增加食邑户数奎五百户。不久后，李世民弄清楚了所谓"御军无法"只是谗毁之言，叫李靖不必介意，再赐绢两千匹。贞观八年（公元634年），李靖已经官至尚书右仆射，他以病辞谢。年底，李世民用"特进"名义召他"每三两日至门下、中书平章政事"。根据这件事，胡三省还特地引欧阳修注云："平章事之名始此"。

贞观十四年（公元640年），李靖的妻子去世。李世民在下诏为李靖的妻子筑坟时，按照汉代为卫青、霍去病修墓的旧例，在墓前筑起像突厥境内的铁山和吐谷浑境内类似于积石山的山形，纪念他破灭两国的不朽功业。贞观十七年（公元643年），李世民又下诏将李靖等二十四位功臣画像挂于凌烟阁。贞观十八年（公元644年），李世民亲自到李靖府上去探望生病的他，赐给五百匹绢，进位为卫国公、开府仪同三司。正是因为李世民对李靖的垂青与厚爱，才使得李靖对李世民感恩戴德，竭力尽忠，后来在垂暮之年，主动承担了平定吐谷浑的重任。

第五章 跟李世民学宽恕——捐嫌弃怨,既往不咎

贞观八年(公元634年)年底,李世民想要打开河西走廊的通道,于是他决定西征吐谷浑。吐谷浑远在西北,气候恶劣。劳师远征,给养很困难,如果不是用奇兵,不易取胜。谁能够担当统帅呢?诸将之中首推人选是李靖。上次灭亡东突厥,李靖只用了不到四个月的时间。短促的战期、辉煌的战绩,在战争史上也可以说是奇迹了。李世民对大臣说:"得李靖为帅,岂非善也!"但是现在,李靖已经是64岁的老人,又刚刚因病辞去宰相的职位。李世民实在不忍心再开口叫他挂帅远征大漠,就因为这个原因而犹豫,连续好几日,心情郁闷。李靖知道后,立即登临太极殿,向李世民主动请缨,他说:"臣虽年迈,但报国忠心不减当年,精力尚可。请与我步骑三万,定擒慕容伏允献于阙下。"李世民听到后龙颜大悦,于是在十二月任命李靖为西海道行军大总管,"节度诸君"。李靖后来果然也没有辜负其所望。

这次,李世民可以说是充分利用了李靖的感恩之心。他知道李靖善于通过正兵挫敌,以奇兵掩敌,是一位军事奇才。而吐谷浑一战山高路远,形势又非常险恶,远征此地,非有奇兵不可。因此,他早就一意倾心于李靖。然而为了落一个爱将美名,并驱使其甘心卖力,他却又欲擒故纵,先是暗透他的意思,然后再由他人之口,辗转使李靖得知。他知道李靖对其已是感恩戴德,如果知道己意,必不甘退,一定会主动请缨。为此,他做足了表面文章,静等李靖的投怀送抱。最终和他所想的一样,不仅等到了李靖,还掠获了一颗因其"体恤"而感激涕零的感恩之心。李世民此举可以说是一箭双雕。然而他若真心"体恤",就不会让已是花甲之年的李靖再次远征。因此,他所谓的"体恤",不过是遮盖其一心谋其江山意图的一件外衣而已。

贞观时期的另一名将李勣也是功勋卓著,为李唐江山立下了不少汗马功劳。李勣,本名叫徐世勣,字懋功,山东曹州离狐人,后迁河南濮阳。

隋末投瓦岗寨聚义，是瓦岗起义军的奠基人之一，为瓦岗寨建立丰功伟业起到了很大的作用。李密兵败后，投靠李渊。魏征随李密一直到了长安，写了一封信劝李勣投降。当时因为李勣势力很大，他不愿以此作为资本邀功，而是把它交给李密，由李密向唐王献表。李渊深深为其感叹，认为他是个忠义之士，要给与特别的表彰。于是赐姓李，后来又因为避李世民的讳，而改称李勣。

李勣用兵非常谨慎，擅长筹算，临阵善于应变，能够抓住战机；与同僚商讨问题，能识对错，而定臧否；功成的时候，也不会居功，而是推功于人。他也是一位爱惜部下的将军，所得金帛都会分给部下，不留私储。因此人们都愿为其用，所向无不克捷，因此有外号称"百胜将军"。李勣在并州16年，令行禁止，为大家所称道。并州是防御突厥的边城，突厥知道这里是李勣驻守，不敢进犯。因此在李勣驻守期间，边境地区一直十分安宁。李世民曾经很得意地告诉大臣们说："隋炀帝不会精选贤臣良将来安抚边境，只知道修筑长城去防备突厥，他竟有如此昏庸的见识。我现在委任李世勣镇守并州，结果突厥害怕他的威风，远远逃走，边境地区竟然可以安然无事，难道不远胜修筑长城吗？"贞观十二年（公元638年），李勣与李靖一起大破薛延陀军，为李世民扫除了边防重患，立下了卓越功勋。

李世民对李勣十分看重，把他与李靖并列是稍逊之。有一次，李勣病重了，李世民命太医前去诊视，随后自己也亲自去英公府邸探视。李世民过问了病情后，太医说："照此单抓药，即可奏效。"李世民接过药方，见药单上有用须灰作药引这一项，竟直接取过剪刀将自己的胡须剪下一绺，命为李勣配药服用。李勣见状，感激涕零，趴在地上，叩头到头流血。李世民此时的回答也透露了他以爱驭将的真正心迹，他说："我也是为国家着想，不必深谢。"的确，君王能为臣子割须配药，在封建时代这可谓是无上的殊荣了。都这样做了，做臣子的能不竭诚尽忠吗？李世民

第五章 跟李世民学宽恕——捐嫌弃怨,既往不咎

企图的也恰恰正是这一点,他的一言一行没有哪一点不是以他的江山社稷为出发点的。

李勣最初以忠义之名而得投李世民麾下,李世民也是屡次利用这一点,对他巧加驾驭。就好像前面所说的,在与大臣饮酒畅乐的时候,李世民曾经予李勣以托孤之语,让李勣为之感激涕零,咬指发誓说自己定当竭忠报国。李世民当时用诚而揽李勣之心,终致李勣以忠相报,也算没有枉费李世民的一片苦心安排。

李世民还大胆起用少数民族降将,并予以极大的信任。契苾何力和阿史那·社尔就是两个典型的例子。

契苾何力原来是薛延陀部将士,后来他随他的兄弟投奔了李世民。李世民考虑到其勇猛善战,任命他为左骁卫大将军并一直予以信任和厚待。平定吐谷浑之役中,契苾何力立下大功。然而汉将薛万均隐瞒了战败的实情,又很排斥契苾何力所建立的奇功。李世民听了契苾何力的申诉后,为了表示赏罚分明,打算撤掉薛万均的官衔,授职契苾何力。契苾何力叩头谢绝说:"以臣而解万均官,恐四夷闻者,谓陛下重夷轻汉。"李世民不分汉、夷,一律秉公赏罚,使这个铁勒族将领很是感动,此后他的竭忠尽虑之举也就不足为奇了。

在与薛延陀部交战的时候,左领将军契苾何力往凉州探望母亲及兄弟沙门。不料沙门已经携母亲投薛延陀去了,契苾何力也被部众裹挟而去。后来李世民以答应与薛延陀和亲为条件,才换回了契苾何力。契苾何力的如此赤胆忠心,与李世民的点点滴滴的厚爱与信任也是分不开的。这点点滴滴的举措,也给李世民带来了很大的实惠。试想,如果契苾何力在当时就已经心生叛意,允诺归降后,大唐平定薛延陀的战争势必会大大受阻。正是因为李世民驭将有术,才以举手之劳换得将帅的赤胆忠心、倾力相报,而这一忠一报,更胜于千军之力。

跟李世民学包容

贞观九年(公元635年),阿史那·社尔率众归附唐朝,被李世民任命为左骁卫大将军,并把自己的妹妹南阳长公主嫁给了他。可以说是能给予下臣的荣耀全都给了他,这使得阿史那·社尔在征伐高昌、征辽、征龟兹的军事行动中都立下了大功。阿史那·社尔也是位有勇有谋、骁勇善战的将军,在李世民的栽培下,他也成为唐贞观时期的重要将领,为唐朝的统一立下了汗马功劳。

突厥的将领李思摩,原名为阿史那思摩,因立了军功,李世民赐姓李,授职右卫大将军。他在贞观十九年(公元645年)随驾出征,在白崖城的战斗中被流矢中伤,却仍然坚持战斗。因为没有及时治疗,淤血滞积。李世民爱将心切,不分汉、夷,"亲为之吮血"。消息传开后,战士"莫不感动"。这也是李世民以爱驭将的又一个典型的例子。

无论曾经是谁的部下,只要是能人贤士,李世民都愿招为己用,而且一旦用准人之后,就力施厚赏和信任,让其为国家竭忠尽力。他知道以心换心的道理,因此非常善于笼络人心。李世民巧施仁爱之计,并且大胆起用、信任良将,从不掣肘,换得别人的赤胆忠心,从而为其竭智尽力,以赤忠尽报其赤诚。这也使得大唐王朝可以多次克劲敌,终成强国。

三、巧妙用计,宽恕贤人能士

在封建专制主义制度的背景下,最高的立法权与司法权都集中在帝王手中。皇帝口含天宪,皇帝的旨意就是法律。随意践踏国法,任凭喜怒行刑,这样的事情发生了也是毫不奇怪的。作为封建的帝王,李世民也经常会把自己的意愿凌驾于国法之上,但同时他也意识到,"法者,非朕一人之法,乃天下之法",作为封建的帝王,"其身正,不令而行;其身不正,虽令不从"。帝王能否严格依法办事,对于律令能否严格执行有着重大的影响。因此,为了能更好地使法律实现其赏罚职能,让天下人毫无怨言地拥护它、服从它,避免法律成为一纸空文,皇帝首先必须得严格执法。但是,身为一代君王,手握生杀予夺大权,要想使之与下民一样完完全全奉公守法,这不用说就知道是十分困难的事。尤其是在涉及皇帝自身利益的时候,在实权、私情与法律的角逐过程中,要做出严格守法的抉择更是困难重重。而李世民却巧妙地运用了各种手段,既示之以公,又掩盖而避怨,常常不着痕迹地周旋在皇权和法律之间。

持法贵在平字,而"平"就要显示得恰到好处。对于那些与己身利益并不是十分相关,但如果不绳之以法又容易招来怨谤的案件,李世民从来都是严格持之以平,示天下以公。

贞观九年(公元635年)八月,岷州都督高甑生开始时很不服李靖军事调度,后又诬告李靖有谋反之图。李世民当然不会偏听轻信。一想就可以知道,李靖是当年的秦王李世民从斩刀下营救出来的,武德年间就跟随李世民转战南北,立下了许多汗马功劳,贞观以来,他又奉命捍卫边疆,威震北狄。这样一位久经沙场、出生入死、勋业卓著的将领,又怎会谋反?

但是为了慎重起见,李世民还是派了法官去进行调查,"有司按验无状,甑生等以诬罔论"。但考虑到高甑生曾经也是秦府功臣,于是"减死徙边"。就在这个时候,有人上书替高甑生讲情,说:"高甑生是秦王府的旧臣,而且还立有大功,请您可以宽免他的罪过。"李世民为显示自己的公正,义正词严地说:"虽然高甑生是我做秦王时的老部下,立有功勋,确实是不能忘记的。但在治理国家时,要遵守法令,事须划一。在法律面前,人人都是平等的。现在如果赦免了高甑生,就开了因功而侥幸获免的先例,势必造成恃功违法的现象。而且国家起兵于太原,自始跟从并立下战功的人有很多。如果高甑生得到赦免,有谁不会心存侥幸的想法?有功劳的人都要犯法了。朕之所以不能赦免他,原因正在于此。"

河南道濮州刺史庞相寿因贪赃枉法,被人举报,受到了追赃撤职的处分。他自恃原来是秦府旧人,上疏恳求李世民可以宽宥,说自己是因为穷而贪赃。李世民出于怜悯,就准备让他官复原职,并赐绢百匹,以济其贫寒。魏征见此事李世民处理不公,就直言进谏说:"皇上以故旧私情就想枉法,还赐绢给贪赃之人,且仍让他们为官,这是使为恶者得逞、为善者寒心的做法啊!贪赃枉法以济家贫,虽然是情有可原,但国家法律难容。在秦王左右的人,朝廷内外也有很多,恐怕人人都要仗恃皇上的私人恩宠,这就会使那些秉公执法的人害怕了。"李世民听闻此言,为了不落一个"以故旧私情"之名,便采纳了魏征的建议,告诉庞相寿说:"我过去为秦王,那只是一个王府的主人而已;我现在身居皇位,是一个国家的君主,不能对自己的部下有所偏爱。大臣们都坚持原则,我又怎么敢违反大家的意见呢?"就这样,李世民为持平起见,强压住了自己心中的那点私情,赐给庞相寿一些绢帛,让他回家。庞相寿只好"默然流涕而去"。

江夏王李道宗是李世民的堂兄弟,很早就跟随着李世民征战四方,

第五章　跟李世民学宽恕——捐嫌弃怨，既往不咎

屡建殊功。唐朝建立后，他在击灭突厥和吐谷浑的战争中也有着显赫战功。贞观十二年(公元638年)，李世民加封他为礼部尚书，可是在任职不久后，他就大肆地贪赃枉法，最后被揭发。事关官场清浊，于是李世民毫不留情地将他下入狱中。对此，李世民对大臣们这样评述说："人情总是那么的贪得无厌，对这个做法只能用理来加以节制。道宗俸禄很高，我赏赐他的财物也很多，家中有足够的余财。可他却还是如此贪婪，令人叹息啊！他的作为难道不是很卑鄙的吗？"最后，李世民罢黜了李道宗的官职，削去了他的封邑。

贞观七年(公元633年)，蜀王妃的父亲杨誉仗势欺人，争夺宫婢，触犯了国法。刑部都官郎中薛仁方，依法将杨誉拘押审问。杨誉的儿子是李世民的侍卫，他向李世民告状，说薛仁方就因为他是国戚，把没有犯反叛罪的五品以上的官员押在狱中，不肯早些决断，一味拖延时间。李世民勃然大怒，说："知道是国戚还故意刁难？"下令要将薛仁方革职，杖责一百，并给以撤职处分。魏征知道后，挺身而出，进行辩护说："仁方既是职司，能为国家守法，岂可枉加刑罚，以成外戚之私乎！"同时，愤怒地谴责那些以"旧号难治"的世家贵戚，说他们简直就是一伙危害社稷的"城狐社鼠"，若不严加防范，无异是"自毁陛防"。魏征晓以利弊得失，李世民也感觉到是自己思虑不周。他不好再去包庇外戚，只好给自己找了一个台阶下，说："诚如公言，朕未能明察，然而薛仁方妄自囚人而不申奏，颇是专擅，虽不合重罪，宜少加惩肃。"于是下令将薛仁方斥杖二十，但不再予以撤职。

对于那些严重危及封建皇权行为的人，无论是不是至亲，李世民都态度坚决，不予姑息。

李世民的第五个儿子是齐王李佑，他溺情小人，纵情声色。为了能对他加以劝导，李世民曾派权万纪去予以匡正。然而权万纪因向李佑屡进直言，竟然遭到他的妒恨，最后在进京途中被李佑派人杀害。其后李佑又结党营私，举兵反叛。面对李佑的欺君犯上的举措，李世民非常愤怒，他说："李佑往为吾子，今为国仇！"于是他将李佑定为死罪，并下诏说："权万纪作为忠烈之士，永存令名，虽死犹荣；而你生为贼臣，死为逆鬼！有你这样的儿子，我真是上惭皇天，下愧后土。"尽管内心非常痛苦，李世民还是坚持将李佑赐死于内省，以肃法纪。

从以上事例可以看出，对于触犯国法，进而又影响到身家声誉或自家利益的人，李世民往往总是能示之以公。这样，既惩治了犯罪的行为，又巩固了统治，还向世人昭显了公平之意，疏通了执法之途。李世民的这一做法，可以说是相当明智的。

李世民既可以考虑到一国一己之利而严格执法，也能同样为之而徇情枉法。只是他经常能将枉法之举做得滴水不漏，令人叹服其高超的本领。

党仁弘一案就是李世民上演的一场弄法欺天的精彩好戏。广州都督党仁弘，除了勾结豪强，受贿金银，以没官的少数民族僚属作为奴婢，还擅自征税，被人告发后，按律当斩。李世民考虑到他年迈，又是元勋旧臣。当年在李渊入关时，党仁弘率两千人归附李渊于蒲阪，从平京城，随大军一起东讨，转饷不绝，很有才略。这样一个功勋卓著的大臣，使之白发受戮，李世民有点于心不忍，打算将他从宽发落，贬为庶人，免去死罪。于是李世民召集群臣聚于殿上，对他们说："我昨天看到了大理寺五复奏的一封文书，上写要诛杀党仁弘，我为他白首就戮感到难过，当时我正要吃饭，就立刻让人撤了筵席。然而我想为他求一条活路，可是始终没有找到令人信服的理由。现在我想向你们请求，能否有一法可以饶他一死。"过了好久，也没有人说话。大臣们肯定不同意宽宥党仁弘，可是又不敢反驳，不说话就是他们最好的反驳。

第五章 跟李世民学宽恕——捐嫌弃怨,既往不咎

可是李世民又执意要宽恕党仁弘,他自己想出了一个办法,说:"法者,人君所受于天,不可以私而失信。今朕私,党仁弘违法,吾欲赦之,是乱其法,上负于天。朕欲露宿于郊外三日,每天只吃一餐,以此向苍天谢罪。"说完就准备动身。房玄龄等大臣苦劝,他们说:"生杀之权本来为皇帝所专有,何必要自相贬责呢?"李世民还是不答应,坚持要向上天谢罪。大臣们在院子里都跪倒在地,坚持请求李世民放弃这一打算,从早上一直跪到太阳偏西。于是李世民才降手诏,表示尊重大家的意见,不再举行谢罪仪式,但在诏书中要严予罪己,说:"在党仁弘的案件中,我有三罪:一是知人不明,二是以私乱法,三是知恶而不诛,知善而不赏。"于是他将党仁弘罢官,贬为庶人,流放钦州。

李世民也知道,自己这样做纯粹就是弄法欺天,他想实现一己之私意,肯定会落下枉法的恶名。因此,为了让自己不用承担不守法的过错,求得他人的认可,他竟然可以想出向天谢罪的奇招。如此两全的高明之举,真是除了李世民没有别人能想出。

长孙无忌案又是另一个例子。贞观初年(公元627年),有一天李世民因有事急召吏部尚书长孙无忌晋见。长孙无忌匆匆走入东上阁,因为来得匆忙,竟然忘记将腰间的佩刀解下。守门的校尉也因一时疏忽,没有察觉。直到见到皇帝后,长孙无忌才发现自己的佩刀还在身上,甚为惶恐,要叩头请罪。按照当时的唐律,带刀入殿者应当判死罪。然而,长孙无忌不仅是朝廷重臣,又是皇后之兄,李世民哪里肯因为这件事就把他杀了。这时,尚书右仆射封德彝赶紧出面为之解围,他说:"长孙无忌带刀入殿,理应是该处死。但他因匆忙一时失误,情有可原,可以罚金二十斤,以示惩罚。而守门校尉未发现此事,职责所在,乃严重失职,应判死罪。"李世民一听,就急忙顺势答应下来,紧急拟旨送往大理寺。谁知却遭到大理寺少卿戴胄的坚决反对,戴胄说:"监门校尉没有察觉,和长孙无忌带刀入

内,同样都是失误。作为臣下,对于有涉于皇帝的一举一动都不能有任何失误。按照法律所讲:'供奉皇帝汤药、饮食、舟船者,没有按照法令办事,有所失误者,都要定为死罪。'陛下如果因为长孙无忌有功而从宽处理,那就不是司法机关所能议定的。但是如果依法办事,那么罚金是不合理的处罚。"李世民说:"法律又不是我一个人的法律,而是国家的法律。怎么能因为长孙无忌是皇亲国戚,就要徇私枉法呢?"于是就命令重新审议此案。封德彝仍是坚持自己原来的意见。李世民一直护臣心切,再加上早已予评议,面子活做得也够了,便也不再想改旨另判。谁知戴胄却始终坚守自己的看法,他固执地请求说:"校尉是因为长孙无忌而被治罪的,按照法令也应当从轻。如果论议他们的过错和失误,情况也是一样的,而定罪却生死大异,所以臣斗胆为校尉请脱。"李世民览阅奏章之后,见戴胄句句在理,所言也皆光明磊落,相比较之下,封德彝的意见却颇有小人之气。于是李世民想:"我如果驳回戴胄,依了封德彝,岂不是要冷了忠臣的心,长了小人的志气?既然要袒护长孙无忌,也就不能严惩校尉,不然会使百姓们心存疑问,对于国家实为不利。"最终他同意了戴胄的意见,免除了校尉的死罪。

  同触一罪,当死者就应该共死,长孙无忌却以功得生;校尉差点成了李世民弄法徇私的替罪羊,当生者却不能同生。若不是戴胄一再请命,死后余魂,又怎能得安?小民之命,如同草介;朝臣之命,枉法亦不足惜。巧妙之处就在于枉法之余,李世民竟还将事情做得无迹无痕,将罪臣之责推得干干净净,转嫁于他人。这样是对是错,他自然是心知肚明,所以在心虚之余,他总算听从了戴胄的意见,克服了一己的喜怒之见。

  《尚书》说:"不偏党,不阿私,圣王之道是多么浩荡啊!"然而,作为封建帝王,真正能做到不偏不倚的又有几人?要落得"无偏无党"的美名,如果不是有两面三刀之功,又如何能为?然而李世民却是当之无愧的。

第五章 跟李世民学宽恕——捐嫌弃怨,既往不咎

四、宽容大度爱臣下

知人难,是因为难在不易尽知;用人难,是因为难在才非所用。但与尽其才相比,前二者还是要显得更容易一些。想要使群臣竭其智、尽其能、毕其力,鞠躬尽瘁,死而后已,就必须得有非常的手段。

纵观贞观时期,李世民可谓是深谙驭臣的方法。他巧施方略,妙驭群臣,就可以使得臣下为其披肝沥胆,劳神劳力,帮助他共同开创出"贞观之治"的太平盛世。而他的秘诀也是非常简单的一个"爱"字和一个"信"字罢了。然而正是因为这不起眼的两个字,使得李世民在用人上攻无不克,战无不胜,一举收服了众臣之心。

房玄龄是齐临淄县人,曾在隋朝时为官,任隰城县县尉,后因犯法而被除名,后来迁移到上郡。李世民巡视渭水北岸一带时,房玄龄持策在军门前等候。李世民对房玄龄一见如故,封他为渭北道行军记室参军。房玄龄遇到了知己的君主,便竭尽心力为朝廷服务。

玄武门事变之后,李世民以皇太子身份入主东宫,并提拔房玄龄为太子左庶子。贞观元年(公元627年),升为中书令。贞观三年(公元629年),再升为尚书左仆射并兼修国史,封为梁国公,当时领有食邑一千三百户。房玄龄身任宰相,总管朝廷的各个部门,日夜虔诚恭敬,尽心尽职,不想让一物失其所。房玄龄对各级官府之事都精通干练,是李世民的得力辅臣。贞观十三年(公元639年),房玄龄又被封为太子少师。因自己久居宰相之位,房玄龄屡次上表,请求辞掉官位。李世民当然不愿失去这位股肱之臣,于是经常下褒美嘉奖的诏书,对辞职一事却是闭口不提。贞观十六年(公元642年),李世民又进封他司空之职,仍让他总理朝政,监修国史。房玄龄又以老病为由请辞,李世民不得不发话了,让使臣转告他说:"国家因长时间地任用你,如果有一天突然没有了良相,就会如同失去两手一样。你若身体还未衰退,请不要辞职让位。在自知身体确实不能胜任时,当再奏。"这样,房玄龄在李世民情意切切的再三挽留之下,终于停止了辞官的要求,拖着老病的身躯,继续为朝廷呕心沥血。

李世民常常追思创业时的艰难和房玄龄辅佐自己建功立业的功劳,曾作过一篇《威凤赋》自喻,并把这篇文章赐给房玄龄。后来,他还称赞房玄龄等人说:"皆国家与之存亡,安危治乱者也。"就像这样,又赞又捧,房玄龄又怎么敢不兢兢业业地为之卖命呢?

贞观十七年(公元643年),因为母亲去世,房玄龄依礼制要丁忧离职。李世民特意下敕赐给昭陵葬地,用来安葬房母。不久又请房玄龄起复本官。

贞观二十二年(公元648年),李世民驾幸玉华宫。这时恰逢房玄龄老病复发,李世民就请他带病留守。房玄龄的病越来越重,李世民又派人把他接到了玉华宫,让人用担架把房玄龄一直抬到了宫殿里,到自己的座位旁边才肯放下。李世民看到房玄龄病成这个样子,心里很难过,不觉流下泪来。房玄龄也感动得不能自已,呜咽抽泣。李世民立即命名医为房玄龄疗治,派人每天送去御膳供房玄龄食用。如果房玄龄的病稍有好转,李世民就会喜形于色;如果听说他病情加重,就会改容凄怆。当时李世民正在积极筹划攻打辽东之事,房玄龄深深地被李世民之情意所感动,一改以往恭顺之态,抱病冒颜上表,劝谏李世民休兵罢战。李世民看完奏表,很是感动,对自己的女儿,即房玄龄的儿媳高阳公主说:"这人都病成这样了,还在为国家担忧,真是精神可嘉。"房玄龄之所以能这样,可以说与李世民平日的关爱赞赏是有很大关系的。

后来房玄龄病势加重,李世民命令凿苑墙开门,接连派中使探问病

第五章 跟李世民学宽恕——捐嫌弃怨,既往不咎

情。李世民还亲自去房玄龄的家中看望他,两人握手叙别,都是悲不自胜。李世民当面授房玄龄的儿子房遗爱为右卫中郎将,房遗则为中散大夫,让房玄龄生前可以看到儿子致身通显。不久后房玄龄去世,终年70岁。李世民为他废朝三日,追赠房玄龄为太尉、并州都督,谥号为文昭,并赐给东园秘器,令陪葬昭陵。

杜如晦也是辅佐李世民实现贞观之治的另一个重要人物。在唐高祖时期,他被房玄龄所荐。从此,就开始一心一意为李世民献策献力。杜如晦遇事十分果断,判断非常准确,并能剖明事理,为李唐皇室做出了不可磨灭的贡献,最终成为李世民的心腹爱臣。为示重用之意,李世民不断给杜如晦加官进职,先是给其加封为太子右庶子,后来又提升为兵部尚书,进而封为蔡国公,实际赐封食邑一千三百户。贞观二年(公元628年),李世民又将杜如晦委以本官兵部尚书检校侍中。贞观三年(公元629年),又使其官拜尚书右仆射,兼任吏部选事,同时仍与房玄龄共理朝政。

李世民还经常夸赞杜如晦,说他"识量清举,神彩凝映,德宣内外,声溢庙堂",并在文学馆中将他列为秦府十八学士的冠首。十八学士被画像,李世民还令褚亮为杜如晦题词,夸赞他说:"建平文雅,休有烈光。怀忠履义,身立名扬。"这样一来,在备受激励之余,杜如晦又怎能不为李世民竭虑尽忠?他与房玄龄一起,"当官励节,奉上忘身",为推动李唐走向太平盛世的长治久安而耗尽心力。

后来,杜如晦英年病重,在贞观三年(公元629年)就不得不辞去宰相之职,返乡养病。李世民在不得已的情况下应允,让其归家,但每每对其身体状态都极为忧虑,于是多次派人前去问候。探病之人,相望于道,可以说是感人至深。后来杜如晦病重,李世民亲自前往探望,抚其病体,黯然泪下。在杜如晦未终之际,对其子破格提拔,以表示情重。杜如晦病逝,终年时仅46岁。李世民的心情沉痛,也为之废朝三日,并将他追赠为司

141

空,赐谥号为成,并命虞世南为之书写碑文,用来表示怀念。

杜如晦在世时曾以瓜籽布局,演习战情。杜如晦去世后,有一次,李世民与群臣一起吃瓜,突然想到了此事,又想到杜如晦已经去世,不能与大家在一起享受今日的欢乐,顿时悲从中来。于是只吃了一半,就再也难以下咽,便派人把剩下的一半送到杜如晦的灵座前祭奠。

房玄龄与杜如晦的关系非常好,总是一同临朝议政。因此,在杜如晦去世后,李世民一见房玄龄,就会想起杜如晦来。有一次,李世民伤心地对房玄龄说:"公与如晦共同辅佐朕,现在只见到你,却不见如晦!"因为心中有所想念,李世民就赐房玄龄金带一条,又说:"我听说鬼神都会害怕黄银。"又派房玄龄亲自把一条黄银带送到杜如晦的灵堂。又过了很久,李世民忽然梦见杜如晦,还像活着时那样。到天亮时,他就告诉了房玄龄,说着说着又难过地流起泪来,派人把御馔送到杜如晦的灵座前祭奠。杜如晦的一周年忌时,李世民还派人去慰问他的妻子儿女。也不罢免杜如晦生前的僚佐,一如他活着时那样。

生前频频嘉奖,死后给以殊荣。这样一来,其他大臣也会深为所感,得受激励,臣属们的积极性也会因此在更大的程度上被调动起来。李世民的糖衣战术,可以说是高明之至。

类似的例子,在贞观年间,可以说是不胜枚举。对魏征是施以人镜之喻,诤谏之赏,病中之探,灵堂之哭,可以说是情殷殷意切切,意动群心;对虞世南则给予诚挚之赞,沉痛追悼,子期伯牙之比愈见其情;对李勣披衣御寒,当众托孤,赞爱之意溢于言表;对马周假以日夜思念之语,令人为之动容……李世民对臣子的爱,多不胜数。正是因为李世民屡屡施以滴水之恩,群臣才在感恩之余,涌泉相报。个个都为李氏江山鞠躬尽瘁,死而后已,构筑了一个蓬勃而稳固的贞观盛世,令后人高山仰止,自愧不如。惠小掠大,李世民算计之精,不由人不服。

第五章 跟李世民学宽恕——捐嫌弃怨,既往不咎

仅施以小惠,还远远不足以见其真意。因此,李世民明以大义,还多次在政治上巧施恩惠。李世民"深恶官吏贪浊,有枉法受财者,必无赦免",为了让自己的大臣不因受贿而触犯法度,他经常会教诫大臣,明以示恶,暗以示警。就好像他曾以西域商人剖身藏珠,爱珠而不爱其身作比较,劝诫臣下不能"受赇抵法",遭到人耻笑。他还指出:"妄受财物,赃贿既露,其身亦殒,实为可笑。"贞观四年(公元630年),李世民又对公卿们说了这样一段话:"朕终日孜孜,非但忧怜百姓,亦欲使卿等长守富贵。"还说:"卿等若能小心奉法,常如朕畏天地,非但百姓安宁,自身常得欢乐。若徇私贪浊,非止坏公法,损百姓,纵事未发闻,中心岂不常惧?恐惧既多,亦有因而致死。大丈夫岂得苟贪财物,以害及身命,使子孙每怀愧耻耶?"贞观十六年(公元642年),他又对大臣们指出:"祸福无门,惟人所召。然陷其身者,皆为贪冒财利……今人臣受任,居高位,食厚禄,当须履忠正,蹈公清,则无灾害,长守富贵矣。"

李世民的苦心孤诣,谆谆诱导,也就是出于一己之私,为了避免官吏贪残,江山腐变。而出自其口,不是责教的说辞,反而颇见关照之意,显得时时处处都是在念臣属之安危,为其身家利益着想。李世民的这一举措,真是既精且诈。

前面我们曾提到的李世民警诫尉迟敬德的事情,也是李世民示臣以爱的一个重要内容。尉迟敬德曾经为李世民出生入死,并因此成为李世民的一名爱将。李世民登临皇位之后,随着政权日益巩固,尉迟敬德就开始有点居功自傲。在一次宴会上,尉迟敬德因为太上皇宠妃之兄居于其座之上,就以功高自居,当众破口大骂。在王爷李道宗出面劝阻时,又将其打伤。李世民动之以情晓之以理,先说念及其功,每次唯愿能与其共享富贵;而后话锋一转,说其放纵违法,自己以后恐难以姑息,因此要严加警诫,提醒其要特别留神,以免日后追悔莫及。就这样,李世民吐予玉石

之言,让其于深责之中,体其惦念之意;以其惦念之意,现其故旧深情。令人在口服心服之余,还生出无尽感激。李世民驭臣方术之高,诚可叹也!

李世民的精明过人之处,是俯首即见。然而,愈是大精明之处,便愈有大糊涂。聪明糊涂之举,也能收奇效。

李世民很擅长书法,因此常自书楷书草书于屏风之上,和臣下一起欣赏。贞观十四年(公元640年),有一天李世民心情很好,遂召三品以上的官员,赐宴于玄武门,并亲自操笔作飞白书法。众臣趁着酒兴,开始哄闹着争夺法书。散骑常侍刘洎,登上御床去抢夺,争得了一幅。没有得到的大臣,都说刘洎登上御床,是冒犯了皇上,罪当处死,请求以法惩治。此时大家都在兴头上,刘洎的做法自然是有些失礼,但是情急之中误登了御床,并非是有意而为之。仅仅因为这个就杀人或杖责,李世民不仅于心不忍,于情于理也觉得是说不过去的。尽管有法在上,但是法不可容而情可恕。李世民便笑着说:"昔闻婕妤辞辇,今见常侍登御床。"于是赦刘洎无罪。登上御床,历来都是杀头之罪。李世民知刘洎是无意而犯,不足为虑,乐得一笑了之,彰显其宽容大度。而对刘洎来说,就有虎口逃生之感。死里逃生后,对李世民的宽容之恩,就会是以死相报。李世民在糊涂之中,大揽人心为己用,真是糊涂中的聪明。

"要想马儿跑,必须给马吃好草"。为了驱驾群臣,李世民处处示之以赞,假之以慈,大揽人心于自己怀中,最终让臣下夙夜勤力,不欲一物失所,为李氏王朝献尽忠智。因此,国政治理之效也就大见提高。正如大臣刘洎所言:"贞观之初,未有令、仆,于时省务繁杂,倍多于今。而左丞戴胄、右丞魏征,并晓达吏方,质性平直,事应弹举,无所回避,陛下又假以恩慈,自然肃物。百司匪懈,抑此之由。"

五、不计前嫌，以女嫁之

自从李世民认识到了和亲政策在政治上的重大意义后，就发出"为社稷岂舍一女"之叹，在"绥之以德"的思想指导下大力推行和亲政策。

其实，早在贞观初年(公元627年)时，突厥就频频南侵，李世民就曾打算用和亲来调解与突厥的关系。贞观十六年(公元642年)，他曾对身边的侍臣提到过和亲的想法，他说："北方的外族世代入侵扰乱，现在薛延陀部族也表现得非常强盛与不顺服，必须得尽早想办法制服它。我反复考虑过，只有两个办法。发兵十万，征伐并将他们俘虏，清除这个祸根，可以保证百年无患，这是一个办法；另一个办法是，答应他们通婚的请求，与他们结成姻亲。我是百姓的衣食父母，只要是能够有利于百姓，难道我还舍不得我的一个女儿！"

李世民总结对付薛延陀的策略就是，一战二和。战败使之威服，自然就会额手称庆。但战争付出的代价毕竟太大，就如房玄龄所说："今大乱之后，疮痍未复，且兵凶战危，圣人所慎。"在当时"户口大半未复"于隋盛时的情况下，如果和亲可以使之怀化，同样能够达到扩大自己势力的机会，也是一个良策。因此，房玄龄称和亲之策奇妙，他说："北狄风俗，多由内政，亦既生子，则我外孙，不侵中国，断可知矣。以此而言，边境足得三十年来无事。"为了唐朝边境的安宁出发，动机是不可争论的。他认为嫁女生子就是外孙，外孙总会听从母教，母子既然有中原汉族血统，自然也就不敢对外公、舅父发动战争。因此，在所有可能的情况下，他总是力主和亲，奉和亲为上策。因为，毕竟通过战服不如心服，武力征讨之后，最好是能怀之以德。和亲作为一种不战而胜的进退的方法，可以说是一个最简单而又有效的办法。

贞观时期有众多的和亲与联姻，其中影响最为深远的应该是唐蕃和亲。贞观八年(公元634年)，吐蕃的松赞干布仰慕唐风，派遣使臣入朝。这吐蕃就是今日的西藏，藏王又称"赞普"，意为"雄强的男子"。松赞干布13岁时，国内酋长们因发动叛乱，毒死其父。松赞干布是个生性勇武而又多谋略的少年，他依靠另一部分酋长和自由民的支持，花费了三年时间就平定了内乱，成为吐蕃的君主。他不但武术精湛，而且热爱文艺，热情地吸收周围各国的先进文化，派贵族子弟到天竺留学。这些人回来以后，就在图弥三菩礼主持下，参考梵文和阗文制定了藏文字母，藏族文字因此产生。

吐蕃的使者到了长安后，李世民很高兴，亲自接见，又派遣特使冯德遐携带图书和礼物，随吐蕃使者一道往吐蕃答聘。松赞干布非常高兴，再次遣使入唐，贡献大量金银，请求迎取唐朝公主。李世民并没有答应。

当时突厥和吐谷浑王皆想娶唐朝公主，都派人前去求婚。因此，吐蕃使者回去后，就向松赞干布回报说："初至大国，待我甚厚，许嫁公主。会吐谷浑王入朝，有相离间，由是礼薄，遂不许嫁。"松赞干布知道这一消息之后，就在贞观十二年(公元638年)八月，大举出兵进攻吐谷浑。吐谷浑不能应对，逃遁于青海之北，以避其锋，民、畜多为吐蕃所掠。松赞干布的这次进兵，虽是出击吐谷浑，但其实际目标是指向唐廷的。吐蕃进攻党项、白兰诸羌后，率众二十万进犯唐朝辖地松州(今四川省松潘)，以示"来迎公主"。松赞干布对属下说："若大国不嫁公主与我，即当入寇。"遂进攻松州，打败了都督韩威，"边人大扰"。李世民于是就任命吏部尚书侯君集为当弥道行军大总管，又让右领军大将军执失思力为白兰道、左武卫大将军牛进达为阔水道、左领军将军刘简为洮河道行军总管，督步骑五万击吐蕃。九月，以牛进达为先锋，乘其不备，夜袭其营，败吐蕃于松州城下，斩首千余级。松赞干布非常恐慌，引兵而退，并遣使向唐廷谢罪。对

第五章　跟李世民学宽恕——捐嫌弃怨,既往不咎

于这件事,李世民自有高见,他曾对左右近侍说:"若将女儿嫁给他,就先要让他知道大唐的厉害,夷狄人岂知思义?微不得意,便勒兵进扰,不战而和亲,他肯定会轻视大唐。此后,吐蕃必不敢轻举妄动。"

贞观十四年(公元640年),松赞干布派宰相禄东赞到长安,再次提出和亲,并献给李世民千两黄金和许多珍宝。李世民当然愿意在大唐的西部多一个朋友而少一个敌人,于是就答应了松赞干布的请求。可是,李世民适于婚嫁的女儿,现都已出嫁,这又使他非常为难。上一次,吐谷浑王知道自己娶的弘化公主不是李世民的亲生女儿之后,很不高兴,这次又该怎么办呢?

李世民的族弟江夏王李道宗的女儿很识大体,愿意为国分忧,前往吐蕃和亲。李世民对李道宗说:"这一次可不能再泄露了身份。"李道宗答:"请陛下放心,臣已安排好了。"李世民便封李道宗的女儿为"文成公主"。贞观十五年(公元641年),为表示隆重,李世民为侄女文成公主准备了丰厚的嫁妆,有各种衣物、食品、珍宝绸缎和食粮种子,装满了十多辆马车。还派出了大批工匠随公主前去,他们带着各类图书、工具、医药、佛经、筮卜典籍等等,又装满了十多辆马车。另外还有特意赐给松赞干布的一对金鞍玉辔和一尊释迦牟尼金像。

文成公主出嫁的消息传到吐蕃以后,吐蕃人民非常高兴。为了减少公主在旅途中的艰苦,他们在很多地方都准备了马匹、牦牛、船只、食物和饮水,用来表示对公主的热烈欢迎。吐蕃王松赞干布亲自率领大队侍从和护卫人员,从逻些(今拉萨)起程到青海去迎接。就是怕文成公主一时不能适应高原上的气候,李世民为文成公主一行预先在青海南部的河源修了一所负责接待的行宫。文成公主行至此处的时候,在这里休息了三个月,就又起程南去。他们来到青海湖边,时值暮春天气,湖上鸥鹭翻飞,地上也嫩草青青。野花盛开,牛羊成群,帐篷点点。公主翘首东望,不见家

乡,想起就要与父王永别,与母亲再也不能相见,不禁热泪潸潸。李道宗以手抚摸着女儿的头发,也不禁泪下。民间有传说,父女走到河边洗脸,河水为之倒流。今日青海的倒淌河之名即由此而来。

松赞干布亲自到唐古拉山麓迎接文成公主。在回到吐蕃家中时,松赞干布对母亲说:"我祖我父,都没有与大唐国通婚者,今日我得大唐公主,真的是荣幸之至,应当为公主筑一城,以夸示后代。"于是,他就下令建筑一座仿唐朝式样的宫殿,让文成公主及随行的宫女居住,并为她兴建了大昭寺。文成公主命随行的工匠协助修建大昭寺,将带去的佛像供奉其中。文成公主入藏之后,吐蕃地区的经济、文化也从此进入一个新的发展阶段。原来吐蕃只用毛皮毡做衣裳,文成公主便派人教藏民养蚕缫丝、纺织,后来西藏生产的氆氇花布远近驰名。唐朝的冶炼工艺、制造农具、造纸、碾米、酿酒等技术也都传播进来。至今,日喀则的铜匠仍然以文成公主作为他们的祖师。以前藏民不会用碗,现在学会了制陶,大大地方便了日常生活。藏族的音乐也受到大唐的深刻影响。文成公主带去的乐器,被藏人当作国宝一样至今珍藏。她将医药及天文历法传入吐蕃,创造了藏医和藏历。她还教人帮助整理藏文,并请松赞干布派子弟入大唐学习国学,大大地促进了藏族的文化发展。

自从文成公主下嫁之后,大唐与吐蕃的交好久久不绝,影响很深。七十年后,金城公主嫁给了藏王尺带珠丹,更加促进了吐蕃社会的发展。唐代诗人陈陶有诗曰:"自从贵主和亲后,一半胡风似汉家。"

李世民与吐蕃和亲,奠定了唐、蕃友好关系的基石。文成公主的入藏,促进了两族人民的友好关系。终李世民之世,吐蕃一直追随唐王朝的外交政策。如贞观十九年(公元645年),松赞干布遣大相禄东赞朝贺,奉表称婿,献金鹅一只,制作精巧,高达七尺,中可盛酒三斛。贞观二十二年(公元648年),右卫率府长史王玄策出使天竺,天竺诸国都遣使奉送贡

第五章 跟李世民学宽恕——捐嫌弃怨,既往不咎

品,但被中天竺所掠。王玄策被打败,逃到吐蕃境内请求军事援助。松赞干布发精兵一千二百人,归王玄策指挥,一举击败中天竺军。喜讯传来,松赞干布"遣使来献捷"。贞观二十三年(公元649年),李世民病逝,松赞干布极为哀伤,遣使前来吊祭,"献金银珠宝十五种,请置唐太宗灵座之前",还致书长孙无忌,表示效忠初登嗣位的高宗:"天子初即位,若臣下有不忠之心者,当勒兵以赴国除讨。"

通过和亲政策,唐王朝不仅可以不战而赢,还可以做到亲亲相护,不发一兵一卒,不费一财一力,边疆就得以牢筑,经济还得到发展,和亲诚可谓为不战而胜的双赢之策。除此之外,唐朝还通过与西突厥和亲,从其手中大获其利。

贞观十三年(公元639年),李世民派兵平定了高昌,为唐王朝恢复在西域的统治建立了据点,也为逐步扫除西突厥在西域的统治力量奠定了基础。贞观十六年(公元642年)八月,西突厥乙毗咄陆可汗"自恃强大,遂骄倨,拘留唐使者,侵暴西域,遣兵寇伊州"。郭孝恪率轻骑二千邀击,大败。乙毗咄陆又遣处月、处密二部围天山,又被郭孝恪所击败。当时,唐朝已控制了西域部分地区,西突厥势力孤立。贞观二十年(公元646年)六月,西突厥乙毗射匮可汗与唐关系友好,遣使入贡,请与唐和亲。李世民答应了他的请婚要求,但要让他割依附于西突厥的龟兹、于阗、疏勒、朱俱婆、葱岭五国作为聘礼。这个时候,唐已攻下焉耆,西突厥在西域的力量已经大为削弱,无力同唐抗衡。贞观二十二年(公元648年),唐又破龟兹,并设立了安西四镇,这又进一步重重打击了西突厥的力量。欲取先予,巧借和亲之力,易如反掌地招揽五国于股掌之间,李世民的精明算计,诚可叹也!

和亲政策一般都是中原王朝在国势衰微的情况下,对周边少数民族采取的一种政治行动。在这基础上,封建史家往往将和亲视为是中原王朝向边疆少数民族政权屈辱、妥协的代称。然而,唐初的和亲政策与传统的和亲政策不一样,它是在国势昌盛的贞观盛世时期被大力贯彻的,因此便有了与往昔大不相同的效果。当时,来自四夷的许多君主甚至都是以与唐和亲为荣。为了求得与唐朝联姻,他们经常频频遣使来朝,厚加聘金。李世民也不负众望,频频下嫁公主或者宗女,大力推行和亲政策。

突厥处罗可汗的儿子阿史那·社尔,11岁时就以智略闻名。贞观九年(公元635年),阿史那·社尔率众内附,被任命为左骁卫大将军,李世民把皇妹南阳长公主嫁给他。阿史那·社尔成为唐朝重要将领,参加了征高昌、征辽、征龟兹的战争,立有大功。突厥族的阿史那忠擒得颉利可汗以献唐廷,因功封为左屯卫将军,被婚配宗女定襄公主。契苾何力为铁勒部酋长的后裔,贞观六年(公元632年),随其母率众内附,授左领军将军,曾参加征吐谷浑、高昌、辽东、龟兹等战役,敕尚临洮公主。吐谷浑乌地也拔勒豆可汗诺曷钵也于贞观十三年(公元639年)入朝请婚,十四年(公元640年)李世民把弘化公主嫁给他。突厥族的执失思力与九江公主成婚。吐蕃的松赞干布娶了文成公主。李世民亲为吐蕃相禄东赞允亲,欲把琅琊公主外孙女段氏嫁给他。李世民还答应了西突厥统叶护可汗和乙毗射匮可汗,以及薛延陀真珠毗伽可汗的请婚要求,等等。这种以和亲手段来实现政治目的的实例,可以说是不胜枚举。

一系列的和亲政策确实是起到了极大的效果,让李世民充分地尝到了甜头。那些被李世民妻之以宗女的少数民族将领,对李世民也是一片赤心。他们在平定薛延陀、平西域等一系列战争中,充分发挥了自己最大的作用,为李唐江山的巩固与强盛立下了卓越的功勋。除此之外,通过与各少数民族首脑的联姻,李氏皇朝进一步缓和、消除了民族之间的矛盾,为安定边疆、促进民族间的融合和经济文化的交流,添上了不可磨灭的一笔。

第五章 跟李世民学宽恕——捐嫌弃怨,既往不咎

六、不计前嫌,收他人坐下客

在归拢了李建成、李元吉余党后,又平息了李瑗、罗艺等人的叛乱,现在最令李世民放心不下的就是河北和山东地区的政局稳定的问题了。因为这一片地区不仅是隋末农民起义风暴的起源地,隋末唐初各种社会矛盾的聚焦点,也是太子李建成和秦王李世民党争的热点地区,是最容易影响朝廷政局的地方,最容易引起骚乱的敏感地区。因此,这一地区政局的稳定,对于稳固初唐政权起着至关重要的作用。

当时,河北和山东都只是泛称,还不是行政区划,只是人们的地理观念。所谓河北大致是指今北京、河北、辽宁南部、河南、山东古黄河以北地区。山东大致是指华山以东,今河南、山东古黄河以南地区。但有时唐人也会用山东来泛指包括河北在内的地区。这里主要是指通常所说的黄河下游的中原地区。这一带自古以来就是农业经济发达地区,因此也是皇业的根基,朝廷的命脉。从政治意义上说,任何一个想巩固政权的王朝,首先就要控制中原地区。

然而,在隋朝统治时,这一带遭受的压迫就极为沉重,因此这片地区的阶级斗争十分尖锐,人民群众反压迫的斗争精神也特别坚决。隋末的农民起义就是从这里燃起的。此处有众多"山东豪杰",自隋以来就是统治者保持警惕的对象,他们时常会兴风作浪,在隋亡唐兴之后仍频频起兵反抗。正如王利涉劝李瑗谋反时所说:"山东之地,先从窦建德,酋豪首领,皆是伪官,今并黜之,退居匹庶,此人思乱,若旱苗之望雨。"这句话虽略显夸张,但是,在山东豪杰中,企图趁唐廷内讧而兴兵作乱的,真的是大有人在。还有一些分裂势力进行谋叛活动,如贞观元年(公元

627年)九月,幽州都督王君廓叛乱。这不能不说是一个严重的政局安全隐患。

　　同时,这一带也是亡隋残余势力潜伏和活动的地方。河北、山东地区的政治经济中心是东都洛阳。洛阳曾经是亡隋的最后一个据点。隋炀帝被杀,东都留守官便奉越王侗为皇帝,改元皇泰。第二年,东都守将王世充篡夺帝位,国号为郑,改元开明,与新兴的唐朝东西对峙达三年多。这一地区是南连江汉,北接突厥。隋朝灭亡后,其残余势力有不少逃奔突厥者,他们当然希望有朝一日卷土重来。河北、山东也是李建成在地方上的党羽力量集中的一片地区。这一带的人性情豪犷,重义轻生,凝聚力强。李建成和李世民都注意在地方上培植势力,也都认识到了河北、山东地理形势的重要,认识到"山东豪杰"是一支可以利用的力量,都精心在这里安插党羽,争取人心。魏征在动员李建成出征刘黑闼之乱时,就劝他"结纳山东豪杰"。玄武门之变后没几天,李世民就派有相当影响力的大将屈突通"驰镇洛阳"。这显然是猜到关东地区的形势,为了防止可能发生的叛乱而作出的紧急部署。至贞观元年(公元627年),行台废,李世民仍授屈突通为洛州都督。次年屈突通病故,李世民十分伤心,特地赶到洛阳宫,表彰他的忠节。可见,屈突通在稳定关东政局方面作出了一定的贡献。

　　然而,山东、河北局势毕竟是很棘手的问题,仅仅依靠洛阳重镇,远远不能解决问题。如果不慎重、全面地处理解决,就会引起一连串不必要的动荡。为了可以进一步稳定山东,七月,李世民派遣"谏议大夫魏征宣慰山东,听以便宜从事"。魏征是巨鹿人,他有着复杂的经历。大业末年(公元618年),魏征参加瓦岗起义,失败后降唐。因为不受重视"自请安辑山东",并劝说徐世绩归唐。后窦建德引兵南下,攻陷了黎阳,魏征又为建德所俘,并被署为起居舍人。建德就擒后入关,李建成闻魏征,引为洗马,魏

第五章 跟李世民学宽恕——捐嫌弃怨,既往不咎

征受到建成的礼遇。通过魏征的经历就可以看出,他的出生及重要活动的地方都在山东,他与瓦岗军、河北义军的关系都很密切。

魏征是太子李建成的旧党,李世民派他出使,就表明李世民有不计前嫌、捐弃旧怨的襟怀,对河北、山东人士可以起到特殊的安慰人心的作用。因此,在玄武门事变后一个月,即武德九年(公元626年)七月,李世民封魏征为巨鹿县男,提拔为谏议大夫,派他出使河北,担任安抚工作,并允许他遇事可根据实际情况自行处理,不必请示。魏征是刚从李建成余党中争取过来的人,李世民敢这样大胆使用,体现了用人不疑的原则。魏征感激皇帝用国士厚待自己,决心以忠心来报答。他以自己的亲身经历表明,新皇帝对从前的各类敌对分子都可以既往不咎,一样任用。所以魏征出巡山东不久就平息了反叛隐患,并招抚了大批豪杰之士,没有辜负李世民对他的期望。

当他们到达磁州时,恰巧遇上州县官军们押解着李建成的侍卫李志安、李元吉的护军李思行进京。魏征与副使商议说:"皇上已有诏命把东宫和齐府的旧人一概赦免,如何仍把李志安、李思行拘押进京?我们再去安抚,又有谁能相信?如果我们把他们释放,则会被信义所感,此行一定会无往而不利。"副使仍有诸多顾虑。魏征又说:"古时大夫出使,凡于国家有益之事,皆勇于自主。今既蒙皇上以国士相待,你我岂能不以国士相报?况且皇上予我等便宜行事的权力,还有何不妥之处?"副使欣然同意了。于是魏征以朝廷名义释放了李思行等人。他认为李世民必定能够理解他的作为,因为这样做恰恰贯彻实行了李世民的安抚政策,体现了朝廷的宽大态度,一定有利于消除太子和齐王余党的敌对情绪和疑虑,并且还为李世民树立起"信义"大旗,赢得山东豪杰的归心。

武德九年(公元626年)八月,李世民诏免关东赋税一年,"老幼相欢,或歌且舞"。但是不久李世民却又变卦了,重新颁布了敕令,说"已役已

纳,并遣输纳,明年总为准折"。关东地区百姓们对此颇为失望。这时,正在宣慰山东的魏征就立即上书,强调说:"今陛下初膺大宝,亿兆观德。始发大号,便有二言,生八表之疑心,失四时之大信。纵国家有倒悬之急,犹必不可。况以泰山之安,而辄行此事!为陛下为此计者,于财利小益,于德义大损。臣诚智识浅短,窃为陛下惜之。"魏征的一片慷慨陈词,显然是要李世民注意自己的政策在关东地区的影响,切不可因为贪图小利,重新引起山东人对李唐王朝的嫌忌与不信任。

由于魏征的积极"宣慰",妥善处理好了各种关系,山东、河北局势也逐渐地安定下来。武德九年(公元626年)冬,魏征返回长安。次年,即贞观元年(公元627年)七月,山东地区就发生了大旱,李世民当即"诏所在赈恤,无出今年租赋"。九月,又下诏说:"河北燕赵之际,山西并潞所管,及蒲虞之郊,幽延以北,或春逢亢旱,秋遇霜淫,或蝥贼成灾,严凝早降,有致饥馑,惭惕无忘,特宜矜恤,救其疾苦。"所以,令中书侍郎温彦博、尚书左丞魏征、治书侍御史孙伏伽、检校中书舍人辛谓等"分往诸州,驰驿检行",做好"赈济"工作。同年,青州又发生"谋反"事件,李世民派殿中侍御史崔仁师前去处理。崔仁师采取"宽慰"的办法,很快就平息了动乱。此后类似的"谋反"事件基本上再也没有发生过。

经过李世民和其臣子的一番努力后,山东、河北地区的政治形势基本上都得以巩固。

七、用宽平之举稳社稷

隋炀帝因滥刑酷法,"敕天下窃盗以上,罪无轻重,不待奏闻,皆斩",而且还放纵"郡县官人,各专威福,生杀任情矣"。就是因为这样,大量无辜者冤死,因冤而生怨,隋朝终于因为酷刑而灭亡。因此,李世民每次都会以此为鉴,用法务去征求宽仁。然而,身为一国之主,掌握了生杀大权,他也认识到君主很容易凭一己之喜怒用刑,枉害无辜。所以,在执法过程中,为了得到慎刑之道,他开始逐步摸索。他首先从制度和程序上约束擅权断案,从而加强了对冤假错案的控制。

唐代的司法机关有着各部门互相配合、互相制约的机制。中央司法机关也有大理寺、刑部和御史台三个部门,司法权一分为三,三家互相制约,就可以最大限度地避免滥用职权和错判误判。地方上没有独立的司法部门,行政长官县令、刺史兼理司法。

按理,一般的诉讼程序经过采取三级三审制,由下到上,即由县到州、府,由州、府到中央大理寺。唐律明确地规定了各级审理机关的审决权限,各级间不可以逾越。按照唐律规定,县和州、府的司法职权有限。如对死刑,虽有权判处,但都无权批准。只有报大理寺复审核准,由中书省或刑部上奏,被皇帝批准后才能执行。大理寺不仅有审批权,而且还拥有否决权,有权驳回审判不当的案件。这样,断案中如有疑问,或司法官员的意见不同,就可以根据法律和实情各抒己见。像这种层层制约、互为控制的司法机构的设置,不仅加强了政府和皇帝对司法权的控制,同时也提高了司法机关审判的准确性,有效减少了冤假错案的发生率。

除了慎防冤假错案外,李世民还尤慎死刑。他多次向大臣言及"死者不可再生"，当严慎死刑。为"庶免冤滥"，他提出："今后处决死囚,应由中书、门下四品以上及尚书九卿共同议定。"就这样，从贞观三年（公元629年）到贞观四年（公元630年），全国竟然只有二十九人被判处死刑。为了防止滥杀，李世民还恢复了隋朝时废除的死刑复核制度，强调死刑一定要有三复奏。为保证这一制度的有效执行，还规定对违反复核制度的行为要予以法律惩戒。当时的《断狱律》就规定：如果有犯死罪的囚犯，审判的官员不进行复奏上报就执行的，官员要被流放两千里；而已收到复奏回案让执行死罪的，也要等到向皇帝复奏三次之后才可以行刑；若是三次复奏不够，行刑的官员要被关押一年。擅自处决和批准后要提前处决死囚的官员，都要受到法律的严惩，这也同样起到了宽慎刑罚的作用。

　　李世民不仅强调三次反复查核奏请的重要性，自贞观五年（公元631年）起还作了"二日五覆奏"的规定。据记载，"五覆奏，自蕴古始也"。蕴古，姓张，河内相州人。武德九年（公元626年）十二月，张蕴古被任命为掌管司法权的大理寺函。贞观五年（公元631年），在李好德一案中，张蕴古却被斩杀。李好德本是张蕴古的老乡，因为患有精神病，他总是爱说一些妖妄反叛之类的话。李世民于是下诏要把他定罪，张蕴古辩驳说："现在有证据证明李好德患有疯病，依照法律，不应该治罪。"李世民听了，也有要宽恕李好德的意思，想予以宽大处理。谁知张蕴古竟向李好德提前透露了李世民的旨意，并还让李好德与自己博戏。治书侍御史权万纪弹劾张蕴古，李世民勃然大怒，下令将张蕴古在长安东市处斩。

　　张蕴古虽罪不至死，李世民却是出于一时震怒杀了他。因而，在不久之后，李世民就开始感到非常后悔。他一边深深自责自己的决断，一边批评朝廷大臣未能及时谏净，同时也责怪司法部门未能依律复奏。他向房玄龄等人说："你们食君之禄，应该忧君王之忧，不论事情大小，都

第五章 跟李世民学宽恕——捐嫌弃怨,既往不咎

应当小心在意。我现在不问你们,你们就什么也不说。看到事情做得不得体,也没有一个人谏诤,那么作为朝廷大臣,还有什么辅助的作用呢?就比如张蕴古,身为法官,因与囚犯一起赌输赢、做游戏,又泄露了我的话,应该可以说罪行不轻了。但如果依据常律,却不该处死的呀。我当时是在盛怒之下,下令处死,你们竟也无一言谏诤,做司法官的又不复奏,于是就执行了死刑。这哪里是合乎慎法恤刑的道理?"因此他又下诏说:"自今有死罪,即便下令立即处决,仍然要三复奏之后才能行刑。"重申了"三复奏"的制度后,李世民仍觉不好,同年十二月又对大臣们说:"因为死刑事关重大,所以我仍然要求实行三复奏制,目的就是为了考虑得更成熟。可是在转眼之间,司法部门就将三复奏的程序进行完毕。还有各部门断案,只根据法律条文,虽然有的是情有可原,虽触法网却令人同情,可是司法部门也不敢违法处断,论罪该杀还是杀了,这中间难道就真的都没有冤枉吗?"于是李世民下制:"处决死囚,两天之内五复奏,天下诸州三复奏;行刑日,门下省官员复查,如果发现按律当死而情有可原者,应记录其情状奏报皇帝。"就这样,冤杀了张蕴古之后,死刑五复奏制度得到设立施行。

为了避免受刑讯拷掠而屈打成招、致人冤死的情况出现,李世民还指示臣下要进一步健全刑讯制度。唐朝法律规定:"诸拷囚不得过三度,数总不得过二百;杖罪以下,不得过所犯之数。拷满不承,取保放之。"这一规定,主要是通过限制刑讯逼供,来进一步避免屈打成招而酿成冤狱的情况。对官员滥用刑讯导致人死亡的,还规定"迫人致死者务从过失杀人法",从法律上严加惩治,这就进一步遏制了刑讯逼供的发生。为了体现自己的宽仁为法、审慎刑罚之念,确保司法审判的质量,防止冤狱发生,李世民还不时"亲录囚徒"。

有一次,李世民在审阅判案记录时,发现一桩案子被判得非常荒诞离奇。一名叫刘恭的罪犯被捕入狱,只是因为他脖子上的纹理细看如一"胜"字,算命先生说他"当胜天下"。他于自我炫耀之际被捉拿归案,法官竟然可以据此将他定罪为"大逆不道",列入了十恶不赦之罪中。李世民看后,非常疑惑,责问法官道:"怎能仅凭一'胜'字斑纹就定人死罪?难道天下就是这样容易得的吗?如果上天真的要把天下交给他,那就并非我个人的力量所能除掉;如果此人没有天命,有一个'胜'字纹又能怎么样?"当即下令将刘恭释放。就这样,不仅刘恭得免一死,在李世民这种行为的影响下,官员也不敢马虎大意了。这也在很大程度上避免了冤案的发生。

李世民还十分注重断案时的合理性,反对妄加株连和涂炭无辜。贞观十四年(公元640年),戴州刺史贾崇因为其下属犯了十恶不赦的大罪,被御史弹劾上奏。李世民就对侍臣说:"过去唐尧是大圣人,柳下惠是大贤人,但唐尧的儿子丹朱却非常不成器,柳下惠的弟弟柳下跖也成了巨恶之人。他们都以圣贤之训,以父子兄弟之亲,都没有使其子弟受到熏染而发生变化,去恶从善。现在要求刺史教化百姓,以使他们都走上正道,又怎么可能呢?如果因为所管之地有人犯罪就被贬官降职,恐怕今后都会互相隐瞒罪行,真正的罪人就会成漏网之鱼了。因此各州有犯十恶之罪的,刺史不必因此连坐获罪,只令其明加纠查惩治,这样才可以肃清奸诈作恶的坏人。"

"狱者,人之大命,死者不可复生。吏或不奉法令,以货赂为市,朋党比周,以苛为察,以刻为明。有罪者不伏罪,奸法为暴,甚无谓也。"因此,李世民"恐主狱之司利在杀人,危人自达","深宜禁止,务在宽平"。法宽则矜恕,可得其情;急则残忍,有失其情者也。李世民的种种宽平之举,亦无非都是为了李氏江山的安危。

八、以宽仁之法待犯者

制礼作乐,施行教化;立法用刑,禁暴止乱。这是历代统治者治理国家时所使用的两种主要手段。李世民对此也有着较为清醒的认识,他说:"为国之道,必须要抚之以仁义,示之以威信。"所以,他首先确定了施行仁政、静以养民的治国方略。而之后怎样"示之以威信",制订封建法律,用以维护社会安定和封建统治,便被首先提上了日程。

要制定一套好的法律来决定赏罚大柄,首先就必须得明确一国的立法思想。因为统治者的意志和利益,都是通过立法的思想而体现到法律制度之中的。

贞观立法思想的形成,应该从李渊谈起。李渊晋阳起兵时,为了争取到各阶级、各阶层的支持,发布了一些命令,"即布宽大之令"。武德初年(公元618年),李渊宣布废除隋《大业律》,并下令重新修订法律,原则是"务在宽简,取便于时"。所修新律即为《武德律》。李世民即位后,着手完善《武德律》,下令让群臣讨论政治与立法思想的依据和原则。于是就出现了一场针对立国、立政、立法原则的大讨论。

当时封德彝主张威刑严法,而魏征等人则主张慎刑宽法。魏征指出:"凡立法者,非以司民短而诛过误也,乃以防奸恶而救祸患,检淫邪而内正道。"魏征的立法思想主要是在强调法律的教育作用,也就是通过惩罚犯罪行为来达到减少或防止犯罪的教育目的。李世民赞同魏征的这一思想,他认为以威刑治天下是不可行的,他说:"王政本于仁恩,所以爱民厚俗之意";"圣哲君临,移风易俗,不资严刑峻法,在仁义而已"。仁义为本,刑罚为末,所以就应当尊德礼而卑刑罚,这实质上是把儒家的德化思想用于立法方面。经过辩论,李世民采纳了魏征的建议,以所谓的"王政"来代替隋末暴政,进一步发展了李渊的宽仁思想。反映在立法思想上的变化还有就是"仁本、刑末"的主张,形成了宽仁立法的思想依据。用魏征的话来说就叫做:"仁义,理之本也;刑罚,理之末也";"专尚仁义,当慎刑恤典"。贞观三年(公元629年),李世民在诏令中说"泣辜慎罚,前王所重",就是指此而言。

唐初产生这种宽仁慎刑思想,也绝不是偶然的。宽仁为法的思想,首先来源于李世民对儒家思想的信奉。儒家思想始终贯通着"经国家、定社稷、序民人、利后嗣"的重要内容。李世民对儒家思想极为尊崇,并"雅好儒术"。他曾明确地说过:"朕今所好者,惟在尧舜之道、周孔之教,以为如鸟有翼,如鱼依水,失之必死,不可暂无耳。"李世民可以把立国与儒家思想的关系比作鸟与翼、鱼与水的关系,并还把儒家思想的重要性提高到决定政权存亡的高度上来认识,更自称是所好惟"周孔之教",由此可见孔孟思想对他的政治法律观产生了巨大影响。

"仁本、刑末"的思想来自于孔子和孟子的"仁"和"仁政"学说。孔子曾说:"道之以政,齐之以刑,民免而无耻;道之以德,齐之以礼,有耻且格。"这实质上就是体现了一种礼主刑辅、礼刑并用、先礼后刑的思想。孟子也云:"施仁政于民,省刑罚,薄赋敛。"李世民深受这些思想的影响,贞观元年(公元627年),他就下达指示"用法务在宽简",主张礼刑结合,提倡"人有所犯,一一于法",并提出了"失礼之禁,著在刑书"的思想。由此可见,他所主张的礼刑关系就是礼主刑辅,礼法结合。礼不仅是立法的指导原则,也是法律上的重要内容,法条中处处体现着礼的精神,正所谓"唐撰律令,一准乎礼以为出入"。

确立了慎刑的主导思想以后,李世民就任命长孙无忌、房玄龄等着手修订律令。贞观元年(公元627年),他下达了"用法务在宽简"的指令。贞

第五章 跟李世民学宽恕——捐嫌弃怨,既往不咎

观十年(公元636年),他又发出了"国家法令,惟须简约,不可一罪作数种条"的旨意。立法官员深深了解到上意,斟酌前代法典的利与弊,所谓"酌前王之令典,探往代之嘉猷",务在"革弊蠲苛"、"刑清化洽"。问世后的《唐律》,远远比以往历朝代的刑律要简约。就以死刑条目为例来说,"比古死刑,殆减其半",对比号称宽简的《开皇律》,减斩刑为流刑92条,减流刑为徒刑71条,正所谓"削烦去蠹,变重为轻者,不可胜纪"。这部法律能够把封建的礼与法紧密地结合在一起,也使法律规范和道德规范结合在一起。它公开宣称:"德礼为政教之本,刑罚为政教之用。"以德礼的潜化作用和约束力量去增强刑罚的威慑力量。《贞观律》"于礼以为出入",一准乎礼,也充分体现了儒家的德主刑辅、礼法并用的法律思想。

本着"仁本、刑末"的思想,对于如何"止盗"的问题,李世民也提出了自己独特的见解。在与群臣探讨这一问题时,就有人提出要"重法以禁之",李世民则不这么认为。他非常难得地站在百姓的角度上去思考问题,作出了自己的判断,他说:"民之所以为盗者,由赋繁役重,官吏贪求,饥寒切身,故不暇顾廉耻耳。朕当去奢省费,轻徭薄赋,选用廉吏,使民衣食有余,则自不为盗,安用重法邪!"因此挖掘出了盗贼出现的根本原因,以礼为本的思想也得以深刻体现。

因为崇尚儒家学说,李世民重用了大批儒学之士,他们在把儒家的思想贯彻到治国、立政、立法等方面的过程中起到了举足轻重的作用。魏征曾说:"道之以礼,务厚其性而明其情。民相爱,则无相伤害之意;动思义,则无畜奸邪之心。若此,非律令之所理也,此乃教化之所致也。"王珪在回答"近代君臣治国,多劣于前古"的原因时,说:"汉朝的宰相,至少会精通一门儒家经典,这样朝廷如果遇到了什么不好解决的问题时,都能引经据典地加以解决。由于那时的人懂得用礼仪教化,所以国家就治理得十分太平。而近代却重视武力,轻视儒学,或者只依靠法令刑律。因此,儒家

提倡的以德治国的规范受到了损伤，淳朴敦厚的民风也一定会遭到破坏。"他们这些言论都对李世民以儒治国方针的贯彻实行起了积极的推动作用。

以儒为本就是李世民"仁本刑末"思想的深层思想根源，同时，宽仁慎刑思想的产生，也有着其深刻的社会现实原因。亲身经历了隋末暴政所造成的"百姓怨嗟，天下大溃"的局面后，唐初统治者对隋朝灭亡的教训不由自主地感到深深的戒惧。他们能够深刻认识到历史上秦隋两朝的严刑峻法是如何逼迫农民走上反抗道路的，因此，李渊和李世民在用法上均力主宽简。李渊在指示裴寂、刘文静修订《武德律》时，说过法要"务为宽简，取便于民"这样的话，并且指出了秦在统一天下时毁灭礼教、施行酷法最终导致颠覆。李世民也从秦隋二世而亡的警示中吸取教训，主张施行仁政，指出："朕看古来帝王以仁义为治者，国祚延长，任法御人者，虽然能救弊于一时，败亡亦促。"并因此形成了以仁义为本、以刑法为辅的法制思想，用以指导法律的修订工作。在整个修律过程中，李世民都力求简约和宽松，并为此一再减轻刑罚。他与群臣经过讨论后，首先将属于绞刑的50条大罪都改为斩右趾，其后，却又因为十分怜悯受刑者的痛苦，对大臣说："我因为死者的不能再生，所以就认为应该有所矜悯，于是才删除死罪50条，改为断右趾。可是我现在又想到他们受刑痛苦的样子，极为不忍。"因此就指示他们再行斟酌，予以修改。后来决定完全废除肉刑，规定了笞、杖、徒、流、死五刑，断趾法也被改为加役流亡千里，居作两年。

法网繁密则触法者多，法网宽疏而受罚者少。简约律令也是刑法宽平的一个重要方面。贞观十年(公元636年)，李世民又告诉侍臣们说："国家法令，惟须简约，不可一罪作数种条。格式既多，官人不能尽记，更生奸诈，若欲出罪即引轻条，若欲入罪即引重条。数变法者，实不益道理，宜令

第五章 跟李世民学宽恕——捐嫌弃怨,既往不咎

审细,毋使互文。"法律的条目太多,司法官不能熟记,也就不便遵守,就会因此影响到判罪的准确性;一罪作数种条,还会给执法官造成上下其手的机会,会使他们出于私心而轻罪重判或重罪轻判罪犯。同时,为确保实现立法的宽仁原则,李世民还十分注重法律的稳定与划一。他指出:"法令不可数变,数变则烦,官长不能尽记,又前后差违,吏得以为奸。"法令不稳定,律文多变,就容易生繁文,导致严刑。同时也会让人心多惑,无所适从。这样一定会影响刑法之宽仁内容的实现,因此李世民就要求大臣们在立法时切当审慎,不得轻立,然而一旦立定,便应"以为承式",不得轻易更改。与此同时,法令若不能划一,就容易会滋生弊端,法吏极易乘空而入,"若欲出罪即引轻条,若欲入罪即引重条",法的宽仁精神也就很难体现了。

因此,简约、稳定、划一,无不是以宽仁为中心的。立法上所体现的这三大特点,使得李唐之法处处体现着宽仁的精神。而这种宽仁的产生,也正是因为李世民时时以亡隋为鉴,将立法宽严同国祚的长短紧密相连。正是以此为念,他才提出"今欲专以仁义诚信为治"和"而于刑法尤慎"的观点,为了求得宽松的政治气氛来让天下人拥护他的统治。在这一点上,宋史学家范祖禹有评:"魏征,仁义之言也;封德彝,刑罚之言也。欲睇天夫民莫不恶危而欲安,恶劳而欲息。以仁义治之则顺,以刑罚治之则咈矣。故治天下,在顺之而已;咈之而能治者,未之闻也!"不"欲咈天下之性而治之",李世民之所以要废弃酷法,想必心中也是早存此念吧!

第六章

跟李世民学合作

——互补互助,大度能赢

> 有语曰:单丝不成线,独木不成林。再英明能干的君主,也需要许多能臣贤士的辅佐。只有学会合作,懂得互补互助的道理,才可以越行越远。唐太宗李世民懂得合作的真谛,才成就了他的贞观盛世。

第六章 跟李世民学合作——互补互助,大度能赢

一、远近相持,得长久基业

"旷道不可偏制,故与人共理之;重任不可独居,故与人共守之。是以封建亲戚,以为藩卫,安危同力,盛衰一心,远近相持,亲疏两用。并兼路塞,逆节不生。"这是李世民在他所编著的《帝范》中教诫太子的一段话,大致的意思是说:"治理国家的重任,只有帝王不能独力承担,所以一定要和其他人一起共守政权。所以,帝王需要立宗室子弟为诸侯王,建立邦国,用来屏蔽皇室的藩篱。帝王与诸侯王利益息息相关,休戚与共。国家安定的时候同心治理,危亡时刻协力拯救;强盛的时候一心经营,衰弱时刻同心共守。远近各诸侯国可以势均力敌,互相震慑;同姓诸侯王与异姓王公大臣一起担重任,互相牵制。这样,地方政权交相侵劫、吞并的途径被堵塞,不遵王命,也就不会发生犯上叛乱的事情了。"从此话中,我们不难看出李世民为维护唐王朝统治念念不忘封建之遗法,力图分封功臣与皇室,用来抵御外邦。

唐初,李渊占据了长安,建立唐王朝之后,因为天下未定,为消除异己势力,封儿子为王,树威信于天下,这有利于执掌兵权。这就是唐朝分封的开端。此后,李渊认为仅限亲子还不足以逞威,所以又广树宗室,"遍封宗子"。不仅恩及弟侄,而且泽被疏远,使"再从、三从弟及兄弟之子"都被封为王,多达几十人。如封从弟李神通为淮安王,还封其十一子中的七子为王,又另封从弟李神符为襄邑郡王,亦封其七子为郡王。两家合封就十六王,也是宗室中封王最多的两家,这可以说是滥封宗室的典型。后来,为了不违背自己早就期许下的论功行赏的诺言,李渊对一些功臣进行封赏,但没有实际上的封邑,只能动用国库财物大加赏赐,最终弄得国库更

加拮据。武德初期就因滥封宗室而给李唐王朝带来许多弊端,不仅是因为封赏浩大致使国用不足,也因为皇帝喜怒而赏让官员内部不和。对于这些弊端,李世民是很清楚的。但是,又因为寄厚望于同姓宗室,为了抵御藩篱,他不想就此割弃分封制。因此他便开始整日思索,想要找到方法"改善"分封制的弊,又能充分利用其利。

怎么做才可以使大唐的天下传之久远?有没有一种完善的制度,可以保证在自己百年之后,不会因为子孙不肖,让李氏江山落入他人之手?李世民苦思冥想,一时间搜寻不到什么好方法。因此,他就问大臣萧瑀:"有什么好的办法可以让国家长治久安吗?"萧瑀答道:"陛下不是经常说'以史为鉴,可以知兴替'吗?臣纵观前人,国远长久者,就只有周。周武王分封子弟,国运才能够延续八百年之久,可以说是国家长治久安了。"

贵族出身的萧瑀,对分封制有着特殊的感情。他觉得,秦王朝没有实行分封制,罢诸侯、设郡县,秦始皇虽然是皇帝,拥有至高无上的权力,但是他的子弟们却没有寸土之封。因此,在发生社会动乱之时,他们没有任何可以帮助中央王朝镇压人民反抗的力量,所以皇帝才陷入孤立无援的境地。在各地反秦武装力量的共同打击下,秦朝只有两世就灭亡了。汉代时,以同姓子弟为王代替异姓王,为巩固新生的汉王朝起到了不可忽视的作用和影响。英布在造反时,荆王刘贾和楚王刘交,都出兵与英布作战,即使未能获胜,但也为刘邦赢得了时间去准备平定叛乱。刘邦死后,发生了诸吕之变。吕氏不敢肆无忌惮地夺取刘氏政权的一个重要原因,就是因为有同姓诸侯王的存在。而且首先起兵反对诸吕的,就是齐王刘襄。后来,京城内的大臣们在平定了诸吕之变、控制了中央政权后,没有人敢篡夺政权,也是由于有同姓诸侯王的存在。由此,凭借刘氏宗亲平定天下,大汉的国运得以延续了四百年之久。

见到李世民连连点头称是,于是萧瑀又举出几个反面例子,他说:"隋朝实行郡县制,其结果是二世而亡。还不就是因为在天下大乱之时,中央既穷于应付,又孤立无援。如果实行封建制,各藩王可以就地消弭叛乱,中央危急时各藩王可以拱卫中央。隋亡的结局,也是陛下亲眼看见的呀,难道不应吸取这个教训吗?"李世民原本就有分封之意,听了萧瑀的说辞,更加坚定了他分封的决心。

可是与此同时,李世民也注意到了分封制的弊端——汉代的七国之乱,晋朝的八王之乱,就是两个例子。身为一国之主,他肯定不愿意重演这些悲剧。因此,为确保能让李氏江山可以子孙相承,万代相继,他决定召集群臣商议。可是让李世民失望的是,在第二天上书之时,大臣大多都表示反对。魏征第一个上书,他指出,分封诸侯不仅会因为官员数量的增加而增加人民负担,加大国家财政开支;同时,如果分封诸侯只想实力而考虑国家,这肯定是不利于边境安全的。礼部侍郎李百药也是坚决反对,他在他进呈的《封建论》中说道:"时势已经不同,分封诸侯不是顺天意之举,三代以后再行分封,只会有很多弊端。分封百王,赐予百姓、土地,一定会促使其滋生野心。那些世袭子弟,无功得贵,骄奢之余,易生是非。如果有分封之王兴风作浪,那时再想削弱其势力,定会招致诸藩群起而叛。"于是他指出,如果推行郡县制,就可以减少上述的缺陷,也可以随时罢免不称职的牧守令长,所以比较下分封与郡县,前者"不若守令之迭居也"。魏征的"必致厚敛"与李百药的"适足资乱",很打动人心。魏征的据理力排不容忽视,李百药的透彻说理与精辟分析,也使李世民不得不"竟从其议",暂停封建。由于群臣的反对,李世民一时下不去决心,只好暂时搁置分封一事。

但是,李世民并没有放弃封建制的想法。魏征等人反对分封的出发点与他不同,他们以百姓利益为出发点,忽略皇室宗亲的利益;李世民则更多考虑的是永保大唐基业、江山永固的问题。国家兴盛固然最好,但就算不能兴旺发达,只要仍然是李家的天下,那么留得青山在,又怎么会担心没柴烧?如果连江山永固都不能保证,他人的江山再兴盛,也与己无关。所以,只要有利于巩固李氏江山,手段的好坏倒在其次。和大臣相比,李世民对于国祚的长远问题,考虑得更多。周朝分封子弟,延祚八百余年的例子给了李世民很大的激励,他因此更加坚定地相信,分封诸侯肯定可以稳固朝廷的羽翼。太子之争的流血事件也让他知道,如果皇室宗亲都留在京城,很容易同室操戈,所以将之分封到外地,是避免内争的一个好方法。因此,后来在授予吴王李恪齐州都督时,他还对大臣说:"论父子之情,谁不愿意朝夕相见?但是国家事更大,需要他们出阁去藩卫朝廷。同时让他们各安其位,早有定分,以绝其觊觎皇位之心。"因此,李世民一直坚信,在分封问题上,绝对是利大于弊。

贞观四至五年(公元630-631年),关中连续丰收,也已平定突厥之乱。面对各种有利形势,李世民于贞观五年(公元631年)十一月下诏:"皇家宗室及勋贤之臣,德行可称,忠节显著者,宜令作镇藩部,宣条牧民。贻厥子孙,嗣守其政,非有大故,无或黜免。"这个诏令中,依照过去的亲王、郡王就封藩国、分土临民,还首次提出功臣也拥有与藩王一样出镇外藩和子孙世袭的封建特权,除非发生谋反之类的"大故",否则不能免爵除名。言外之意,就是一般"小过"不会影响世袭,可以说是"恩厚矣"。但是,又因为遭到反对,这一诏令最终也没有得到执行。

分封制一直受抵,一拖再拖,可是李世民并未因此而死心。在相隔五年半后,贞观十一年(公元637年)元月,他又正式颁诏,分封宗室子弟吴王李恪等二十一人和异姓功臣长孙无忌等二十四人为世袭刺史。诏令说:"建立藩屏以辅佐王室,是为了使天下大治,国运无疆,所以施行分封。使诸侯王与天子有共治之职,又有分土之实,所任刺史都可以子孙代代相袭。周武王分封子弟,汉高祖分封同姓子弟及异姓功臣为王,都是国

第六章 跟李世民学合作——互补互助,大度能赢

家坚如磐石的基础,是古代治世的良法。魏晋背离周汉良法,有名无实,不能藩卫王室而亡国。为此,总结前代经验,斟酌利弊,采取君臣共同治理、王位世袭的制度,现在的刺史就是古代的诸侯。这是比拟周、汉封建措施而制定的做法。"这一诏令的发布,经过了李世民的精心构想。封建诸王,可以拥有"建藩屏以辅王室"的好处;"封建亲贤",可以让功臣有"子孙长久之道"的好处。李世民祈求的亲亲相爱的封建宗法观念,很自然地就认为父子之情具有骨肉之亲,付之外藩,以作屏障,最是可以倚任。他以封建血统论为出发点,推而及之,认为可与功臣联姻,以"亲贤作屏",期望功臣的后裔"辅朕子孙,共传永久"。这样就可以维持皇室与功臣的既得利益,又可以形成一个皇子皇孙与功臣后裔共存共荣的血缘集团。他认为通过这一做法,屏藩皇室的目的也就不难实现了。

李世民的想法用心良苦,但他却没有意识到时势的变化,现在再行分封已经和古时大不相宜。一味以古析今,就好像刻舟求剑,失去了现实性和合理性,很容易滋生弊端。同时,历史上亲贤之间互相残杀之事也比比皆是。若亲亲之间存有恶念,仅依靠分封并不能使得亲王间相爱。更致命的一点是,分封诸侯,经常是诸侯弱就不足以藩卫中央,诸侯强就会反抗中央。将自己置于两难的处境之中,又怎么可以长治久安?因此,宋代史学家范祖禹就说:"三代封国,后世郡县,时也;因时制宜,以便其民,顺也。古之法不可用于今,犹今之法不可用于古也。后世如有王者亲亲而尊贤,务德而爱民,慎择守令以治郡县,亦足以致太平,而兴礼乐矣。何必如古封建,乃为盛哉!"也正是因为这样,李世民的分封之念一而再、再而三地遭到大臣们的强烈反对,最后还是没有实现。后来事实也证明了,分封一事不可以抵挡祸患发生。贞观十七年(公元643年),太子李承乾与齐王李祐谋反,李世民一面平叛,一面诏斥李祐"坏磐石之宗"。功臣后裔也不能"共传永久",事隔一代后,房玄龄之子房遗爱参与谋反,就身死族灭了。

分封之制虽然没有实行，但是我们从中却可以深切感受到李世民想得子孙万代、长家天下的急迫心情。他之所以那样的固执己见、一意孤行，也就是为了长保家族富贵。因为在他看来，要达到这目的，最可靠的当然是自家人。毕竟血浓于水，把子孙封作外藩去屏障中央，自然是比其他任何人都更值得信赖。而如果再将功勋亲贤与皇族联姻，形成庞大的血缘集团来共治天下，使李氏江山世代相传，就不会太难。所以，我们也可以窥见李世民长存已久的帝王之念：利我子孙者，必当行之；损我子孙者，定当弃之。从李世民即位开始，这一信念就牢牢地贯穿了他整整一生。

二、君臣相补得明政

进谏是良药，但如果无保障措施，就会君者随心、谏者随意，即使是极力倡导，也虚无缥缈。国君，一言九鼎，有绝对权威，如果龙颜一怒，就是昭昭真理，也很难与之相敌；对于下臣，发表言论或可得赏，不听从亦无可忧，还有避祸保身者，诤谏就更难以得见。只凭借君上属下的政治责任感和政治品格来确保进谏的力度，李世民实在不敢信。因此，他又巧设规章制度，用制度牢束缰笼。

缰笼之一是君臣之义，用臣之道和君臣荣辱与共的利害关系来强化臣属进谏的责任感，增强进谏的自觉性。隋末任内史侍郎的虞世基，也是隋炀帝的亲信大臣。因为炀帝"讳之憎谏"，直言进谏的大臣，基本上都被诛死。虞世基也屡次进谏，但都不被采纳。因此，为了不惹祸上身，虞世基开始阿谀奉承，讨炀帝欢心。最后炀帝身死，虞世基也举家被诛。主死臣灭，要引以为戒，李世民多次以此事告诫大臣"君臣共其命运，谏而免君之误，也关乎自己身家利益"，用这来带动臣下进谏的自觉性。

贞观二年（公元628年），李世民再次提出虞世基之事让大家讨论。他故意说，炀帝饰非拒谏，龙颜难触，虞世基也不敢直言，正如纣王的叔父箕子见纣王无道，佯疯而保全己身一样，或许不应深加谴责。于是他问大臣："难道炀帝被杀，虞世基就应该一起被杀掉吗？"杜如晦则回答说："天子有谏诤之臣，虽然是无道但也不会失去天下。孔子称赞史鱼，说：'史鱼真是正直啊！国家政治清明，他像射出的箭一样直道而行；国家政治昏暗，他也像射出的箭一样直道而行。'虞世基怎么能仅因炀帝无道，不采纳进谏就闭口不言呢？身处重位却是苟安偷生，又不能辞去职务而退隐林下,那与箕子佯狂而去,是不一样的道理。"

杜如晦又说:"拿昔日的晋惠帝来说吧,在贾后将愍怀太子废掉时,司空张华也没有极力苦谏,只是随顺苟免祸患。赵王伦发兵废除了皇后,派人责问张华,张华责答:'废掉太子时,我不是没有进言,只是当时未被采纳。'使臣说:'你身居三公要职,太子无罪而被废除,即使谏言不被采纳,又为何不引身告退呢?'张华无言以对。于是他被使臣斩杀,灭了三族。"杜如晦因此总结说:"古人云:'国家危急不去救扶,社稷急危不去匡正,怎能用这种人为相?'因此'君子面临危难而不移气节'。张华为逃避责任也不能保全其身,作为王臣的气节丧失殆尽。虞世基高居丞相之位,本来就应该积极进言,却无一言进谏,也实在该杀。"

李世民听后,感到非常称心如意,立刻肯定杜如晦说得对,并说:"皇帝必须得有忠诚正直的大臣辅助,才能让身安国宁。炀帝因为下无忠臣,自己也听不到批评,积累太多罪恶,灾祸就会随之而来,于是他逃脱不了灭亡的命运。如果皇帝做得不对,臣下又没有及时匡正和劝谏,只会曲意奉承,不管什么事只会一味地称颂赞扬,那样的话君主就是昏庸的君主,臣子也是谗谀之臣,灭亡是必然的了。我所追求的就是君臣上下都出于公心,可以互相切磋,共同奋斗,共同实现天下大治的理想。"说到此处,他又激励群臣:"你们都要用正直之心尽忠辅政,匡正我的过失,弥补我的缺点和不足,来实现天下大治。我也永远不会因为你们直言劝谏去违越你们的好意,动辄加以责怪。"

贞观二年(公元628年),李世民与群臣论治,阐明了"人君必须忠良辅弼"的道理,竭诚期望"君臣上下,各尽至公,共相切磋,以成治道"。所以,他认为"君臣相须,事同鱼水","君臣本同治乱,共安危","君失其国,臣亦不能独全其家",把君臣利害关系放到群臣面前,让他们诚惶诚恐,誓效死忠。

第六章 跟李世民学合作——互补互助，大度能赢

李世民认为，当君王的也有失误的时候，当臣子的就有谏诤的责任。就算君王自矜拒谏，当臣子的也要冒着触怒君王遭受杀害的危险，不避鼎镬，犯颜直谏。赴汤蹈火、在所不辞是做臣子的应该有的勇气和胆量。李世民将这视为为臣之道，也就是"事君之义"。他还说："君可不君，臣不可不臣。"言下之意是指，皇帝也可以犯错误，你们不能不规谏。他深刻地认识到，只有言路畅达，方利大治。所以他苦心孤诣，经常用事例教育群臣。

贞观十一年（公元637年），李世民驾临洛阳宫，在积翠池泛舟游赏时，感慨于亡隋，在对隋炀帝稍作评论后，话锋一转，把话题的重心移到臣子在君主无道、国家危亡时当负的责任上。在他看来，隋朝灭亡的罪过并不是在隋炀帝一人身上。李世民以此告诫群臣说："隋朝灭亡的原因，不只是君主无道，也是因其没有忠诚正直的辅助大臣。像宇文述、虞世基、裴蕴等人，身居高位，享受着厚禄，受到皇帝的委任，却只知道阿谀奉承、陷害忠良，蒙蔽皇上的视听。想让国家没有危险，又怎么可能呢？"李世民觉得，宇文述等人作为人臣，食人之禄，没有负起谏诤的责任，隋朝的灭亡他们也难逃其咎。

在李世民看来，君王有了过失，臣下没有谏诤，就是不忠，就是犯罪。因为这个理念，在谈到西晋何曾的故事时，他就对何曾有着与众不同的评价。他说："晋武帝自从平灭吴国后，就骄纵奢侈，不再留心政务。太傅何曾退朝后对其子大发感慨，说总是看不到皇上谈论治国之事，也不深谋远虑，一定会难以把江山社稷传留给子孙后代。何曾对他儿子说，他或许可以免遭杀身之祸，但是子孙后代们可能就要遭遇天下大乱，难逃一死了。后来，何曾之孙何绥真的被酷刑所杀。前代的史书都是称赞何曾，觉得他有先见之明，可我有不同的看法。我认为何曾不忠于君，他有很大的罪责。作为臣子，就应该在朝上思考尽忠报效君王，退朝时思考补救君

王的过错,要鼓励君王的善美之德,匡正补救君王的过失,这才是君臣共治天下的理。何曾位居三公,有很高的名望,很大的权力,就应该直言正谏,论证治国的道理辅助君王。可是他只在退朝后发表议论,上朝时却一言不发。前代史书上还认为他明智,不是大错特错了吗?在盲人快摔倒时都不去扶持他,那搀扶者有什么作用?"

李世民多次强调,即使皇上无道,可是臣下在朝中做官,食君之俸禄,就有义务去匡正他的错误。即使是触犯龙颜,受到责罚,也必须得直言进谏,并把这视为臣子事奉君王的大道理。只有戒言在口,常吹耳旁风,说君臣为一体,让责任感一直缚于心,这样才能从思想上牢牢地约束住群臣。

李世民所用缰笼之二就是上封事。武德九年(公元626年)六月,李世民才刚被立为皇太子,就立刻表现出虚心求谏的姿态,"令百官各上封事"。为防止泄露古代臣子上书奏事,用袋封缄,因此称"封事"。封事的内容基本上是对治理国家的意见或对时政的批评,有的甚至是直接批评皇帝的。李世民正式即位后的短短几个月里,上书奏疏似雪片飞来。十二月,李世民对司空裴寂说:"比有上书奏事,条数甚多,朕总粘之屋壁,出入观省。所以孜孜不倦者,欲尽臣下之情。每一思政理,或三更方寝。"由此可见,上封事收到的功效颇佳。

第三个缰笼是最为切实、最为稳固的一个约束,即封驳制度和谏官的设置。君主急于求谏,就必得有进谏之人。所以,李世民设置谏议大夫等职,期望有人专司其位,匡己过失。这些谏官在谏诤方面也发挥了很大作用。

贞观元年(公元627年),李世民与群臣论治,谏议大夫王畦就讲了"木受绳则直,人受谏则圣"的道理,李世民非常赞赏。他因此更加认识到进谏的重要性,所以就立即颁布诏令,规定从今以后中书、门下及三品以上官员进宫筹划国事的,都要带着谏言去参与筹划;如果觉得有什么过失,就大胆进言,自己一定会虚心采纳;"谏官"也可以随宰相到两仪殿

第六章 跟李世民学合作——互补互助,大度能赢

"平章国计"。这不仅展示了谏官地位,也鼓励了他们极言切谏,更使得李世民在平常视朝中得到各种不同的意见,方便全面地掌握情况,择善而从。李世民把谏官当作身边的"侍臣",往往"有所开说,必虚己纳之"。

李世民还会将杰出的谏臣提拔到宰相的位置上来,委以重任。如王珪任谏议大夫时,推诚尽节,多所献纳,李世民赞叹说:"卿所论皆中朕之失。"于是就把王珪提拔为黄门侍郎,贞观二年(公元628年)十二月进拜门下省长官侍中,也就是宰相之一。又如贞观后期的褚遂良,任谏议大夫时就以直谏著名。贞观十八年(公元644年)九月,褚遂良拜为黄门侍郎,参与朝政;贞观二十二年(公元648年)九月,拜为中书令,成为李世民晚年时期最受信任的重臣之一。

除了设置谏官以外,李世民把尚书、中书、门下三省长官的议事和封驳作用进行充分利用和发挥。唐代的宰相由数人组成,他们在一起商议参决军国政事。李世民为了集思广益,了解更多的意见,方便在兼听博采的基础之上作出符合实际的决策,经常让一些职位稍低的官员以"参与朝政"的名义加入到最高决策集团。就像贞观元年(公元627年),御史大夫杜淹检校吏部尚书,参与朝政。贞观三年(公元629年),魏征守秘书监也参与朝政。贞观十三年(公元639年),刘洎为黄门侍郎,参与政事。贞观十七年(公元643年),张亮为刑部尚书,参与朝政。贞观十八年(公元644年),黄门侍郎褚遂良参与朝政,等等。中书、门下二省议政改于朝堂之上,"中书出诏令,门下掌封驳,日有争论,纷纭不决。故使两省先于政事堂议定,然后奏闻"。利用政事堂的议政的制度,让大臣们充分发表处理军国政务的个人意见,能使中央制定的各项政策更加符合客观实际,也能减少和避免错误产生。

贞观元年(公元627年),李世民把这种制度的作用说得非常明白,他对黄门侍郎王珪说:"中书所出诏敕,颇有意见不同,或兼错失而相正以

否。元置中书、门下,本拟相防过误。人之意见,每或不同,有所是非,本为公事。"就是希望大臣们"特须灭私徇公,坚守直道,庶事相启沃,勿上下雷同也"。贞观三年(公元629年),李世民发现不少大臣"阿旨顺情,唯唯苟过,遂无一言谏诤",因而又再次强调:"中书、门下,机要之司。擢才而居,委任实重。自今诏敕疑有不稳便,必须执言,无得妄有畏惧,知而寝默。"为了让制诏没有错误,李世民还重申了旧制,即"五花判事"制度。"五花判事"的作用仍是为了听取各种意见,集中大家的智慧,让制诏具有准确性和权威性。就算这样,李世民仍怕诏令有误,因此还下令各级行政机构在接到诏敕后,如果认为有不符合实际的,应据理执奏,可以暂不执行,并勉励官员不要盲目顺旨办事。

史载:"上始审明旧制,由是鲜有败事。"正是因为巧设制度,充分发挥了三省的决策、封驳、执行作用,贞观时期的政令措施才可以在层层把关中显得更合时宜,国家的治理也就更加顺畅。

三、整合、规范获太平

唐初时期的政治势力主要分四大派别:关陇集团、山东集团、士族地主、庶族地主。唐初的乾坤始转,让李世民清楚地认识到,要想稳定全国范围内的封建统治秩序,就必须得保持地主阶级各派政治力量之间,特别是关陇地主集团与山东地主集团之间的相互联系。基于这种情况,李世民采取了兼收并蓄、区别情况区别对待的方针,尽可能地照顾到各个集团的利益,协调好统治阶级内部错综复杂的关系。

武德年间,国家政权基本上是以关陇士族为骨干的李唐政权,依靠山东的士族、江南的士族和一部分庶族地主的支持和拥护而建立起来的。而这期间,士族和庶族地位的高低以及主次,都会对李唐政权产生很大的影响。因而,要想调和这二者之间的关系,并且还要达到让他们支持李唐政权的目的,确实是个很严肃的问题。因为从魏晋时期就形成的士族门阀制度,虽经过几次起起落落,但是其名未了。要想达到皆大欢喜,确实还是需要费上一番工夫的。唐初时,旧士族也只是名声在外,实际上贫贱空虚。然而,隋代时期虽然就以科举制取代了九品中正制,使得士族门阀制度几近崩溃,但是虫死而身未僵,一些旧士族仍然活跃在现在的政治舞台上。唐初在处理实际的政务中,山东士族和江南一些贵族就起到举足轻重的作用。

李唐皇室出于关陇地主集团,但是想要实现全国范围的统治,就不得不任用山东人士。广大的山东地区既是人才荟萃的地方,又是当时财政命脉所在地。武德六年(公元623年)初,秦王李世民就以其敏锐的观察力发现"山东人物之所,河北蚕绵之乡,而天府委输,待以成绩"。由此可见,山东、河北的地位是何等重要。就在这时,李渊所在的关陇军事贵族集团虽然已经是现在大唐政权的核心,但这个集团是完全凭借武力建立起来的,他们都崇尚武事,对文治根本没有多少经验,可是文治武功又是相辅相成的。李唐政权才刚刚建立,现在急需整固一下涣散的人心,并且予民休息,这样的话就必须要文治。于是,就迫不得已地吸收具有较高文化修养的山东和江南人士到中央政府里来。

然而,李世民有时又会囿于地域的偏见,不能够公平地对待关中与山东人士。魏征宣慰山东的前一天晚上,曾经向李世民提出:"不示至公,祸不可解。"意思是说,如果失去了"至公",山东人就会由此而产生怨恨,甚至还会结群思乱,天下就会难得太平。对于这一现象,李世民早就心领神会,因此立即请魏征"安喻河北"。贞观元年(公元627年),"李世民尝言及山东、关中人,意有同异",殿中侍御史张行成就跪奏李世民说:"臣闻天子以四海为家,不当以东西为限;若如是,则示人以隘陋。"这句话让李世民陷入了深深的思考。张行成是定州义丰人,少年时师事著名经学家刘炫,后来又在王世充那里当过度支尚书,和山东各种势力联系广泛。李世民曾说过:"观古今用人,必因媒介,若行成者,朕自举之,无先容也。"为什么会如此器重张行成,让他参与预议大政呢?就是因为张行成的意见反映了山东豪杰的愿望,可以帮助他震抚山东。

李世民安抚山东人、启用山东人的原因,也是为了争取在政治、经济、人才、文化中占有举足轻重地位的山东士族的支持,缓和与山东人之间的复杂矛盾。

纵观贞观年间的任官情况,在李世民所任用的宰相之中,山东人就占了一半。像高士廉、戴胄、魏征、李勣、马周、张亮等,都是山东人。而在这些山东人之中,只有高士廉、高季辅和崔仁师是山东士族出身的,其余的绝大多数都是山东的庶族地主。从这里又可以看出,李世民确确实

第六章　跟李世民学合作——互补互助，大度能赢

实并没有高看士族，这也能表明士族在唐初时期的确是衰落了。正是在这种情势下，作为一代杰出政治家的李世民及时地抓住了历史发展的大势所向，为士族和庶族关系，以及士族遗风所留下的种种弊端作出了革新。

整合了各方力量后，如何有效治理天下成了李世民需要深思的问题。皇帝久居于深宫中，对四方之事都不能耳闻目睹，所以地方政务就只能委托于都督、刺史等下级官吏，让他们来代为执行国家的大政方针。因为他们离百姓最近，所以他们的一言一行都直接代表了国家对百姓的态度，他们关系着社会的治乱和国家的安危。下层官吏是否清正、廉明，直接影响到国运兴衰。但又因为远离中央，他们是最难驾驭的，很容易胡作非为。这肯定会影响到百姓生计，最后会让百姓望而生怨。为了可以明察官吏治政得失，除在官员的任命上精挑细选外，李世民还恢复了监察制度。他说："致治之本，惟在于审。"如果没有审查监督的制度，官吏远在庙堂之外，就会胡作非为，一定会使政令阻塞，出现很多问题，社会难以清明，因此而招致民怨，乃至民怒，导致国家败亡。为了能确保国泰民安，李世民在立国之初，就设置了监察制度。同时，为确保监察制度能见其效，李世民一方面对监察官精挑细选，另一方面又赋予其极大权力。使其可以无往不利，无所不察，真正成为自己的耳目，协助自己惩奸除恶，进一步疏导中央与百姓之间的关系，让自己的政令可以准确无误地传达给老百姓，不被恶吏恣意为害。

除此之外，李世民还制定了严格的考课制度，用来对官员的功过、品德、才干等予以考核。考核主要以政绩为准，通过对政绩的考察来对官员施以赏罚和升降。唐朝时的考核制度非常的严密，由吏部专门设置考功司负责京官、外官的考核。考核每年都要进行一次，每隔四年都会有一次大考。一般由德高望重的京官担任考官，为保证考核质量，考核的具体标

准也规定得十分清楚。这样,通过考课,李世民就可以对官吏的政绩了如指掌。即使在千里之外,李世民也可以运筹于帷幄之间,政绩卓著的官员会得到奖赏之励,贪赃枉法者会难逃废黜之惩。朝廷对官吏恣意妄为的抵制能力得以进一步加强,也一定会增强官吏的责任心,促进他们愈发克己尽守,爱民勤政。

有了考课和监察制度后,李世民仍然放心不下。通过古今的参考,他清楚地认识到了吏治污浊会给百姓带来深刻的影响。于是在考课、监察之外,李世民还经常派大臣到全国各地去巡视,以"察长吏贤不肖,问民间疾苦,礼高年,赈穷乏"为据,来黜陟官吏。他极为重视这种由大臣分行巡察的治吏方式,甚至在贞观十五年(公元641年),他多次派遣王珪、杜正伦、李大亮等朝廷重臣亲往察视,在整顿吏治上可以说是用心良苦。

李世民向来对那些贪赃枉法的官员严惩不贷,绝不姑息纵容。贞观七年(公元633年),李世民到蒲州办事,当时赵元楷还是蒲州刺史。赵元楷为了迎驾,精心地安排了欢迎仪式。他征集老年人服徭役,让他们身着黄纱做的单薄衣服,跪在路边拜见皇帝;还大肆修饰宫署的房屋,修整城楼、城墙和雉堞装饰,就是为了讨好李世民;此外,还暗地里收取饲养着几百只羊、几千条鱼,并准备把它们送给那些陪同李世民巡察的皇亲国戚和王公大臣们。李世民知道后,非常生气,斥责赵元楷说:"朕巡察黄河、洛水之间的地方,经过几个州,所有我们必须用的东西,都是用官府的物资供给的。你给我们饲养羊、鱼,还大力装饰我们休息的庭院屋宇,这一做法是效仿隋朝的坏风气、坏习惯,我现在决不允许有隋朝的遗风了。你应该理解我现在的想法,改掉隋朝遗留下来的坏风气。"李世民早就知道赵元楷在隋朝任职时就阿谀奉承、不正派,所以才会这样严厉地批评他,想让他能知错就改。可是赵元楷听了李世民的训斥后,

第六章 跟李世民学合作——互补互助,大度能赢

又惭愧又害怕,竟然几天吃不下东西,郁郁而死,这并不是李世民所能想到的。

贞观三年(公元629年),右卫将军陈万福从九成宫赶到京城,途中违反法令,擅自取用了驿站的几石喂军马用的麦麸。按理说取几石麦麸不是什么大事,可李世民却并未因此而予以放纵。为了表示惩戒,他赐给了陈万福一些麦麸,命之背还驿站。以羞代惩,同时也给其他官吏敲响了警钟。官吏贪污腐败,李世民肯定会对其严加惩治;如果官员思奇技淫巧,行误国伤民之事,李世民也一定会毫不容情地加以贬斥。

贞观七年(公元633年),工部尚书段纶引荐一个名叫杨思齐的手艺人入宫,李世民下令要考考他,于是段纶就让他制作演木偶戏用的道具。李世民看了杨思齐的表演,对段纶说:"引荐上来的能工巧匠都是为国家做事,你却让他弄这些玩意,这符合让工匠们相互监督、不得制作奇巧无益之物的道理吗?"李世民因此降低段纶的官级,并下令禁止再玩这种把戏。

对恶吏严惩不贷,与之相应的是对那些爱民惜民、勤勉为政的官吏倍加爱惜,赐之殊荣表示勉励。邓州刺史陈君宾刚刚上任时,州邑凋敝,百业不兴,百姓流离,而陈君宾"是以日昃忘食,未明求衣,晓夜孜孜,惟以安养为虑"。仅经过一个多月的治理,逃亡在外的百姓就重返故土。贞观二年(公元628年),许多州县遭到霜涝灾害,只有邓州丰收。于是陈君宾就以天下为己任,积极安排来此逃难的灾民,他们走时还会给他们粮食,赠送布帛。李世民知道情况后,就马上要求考课官员将陈君宾录为功最,并还用免除当地一年租调的方式支持他。李世民还是秦王时,代州都督张公谨在任职期间,组织民兵开荒屯田,为国家节省了大量军费开支。张公谨调任襄州都督之后,因仁爱百姓,清廉为政,深受百姓拥戴。李世民闻其名声,尽管其当时官职低下,李世民却请他来咨询为政之道，表示重视。在张公谨死后，李世民流泪亲往灵堂，以表对良吏的珍惜之情。

　　只有吏治清明，百姓方得安宁，政权才不会腐变。安民的道理，以察吏除暴为先。就是因为认识到了这一点，李世民对官吏的贪污秽浊行为才会如此痛恨。奖优罚劣，赏罚分明，不以善小而不褒，不以恶小而容情，督促官吏安分守业，克己爱民，百姓才能爱之、敬之，才可以感受到皇恩之浩荡。只有这样，百姓才能安静祥和，国家才可以长久太平。

四、兵农合一保国安

马上可以得天下,却不可以马上治天下。如果弃武备于不顾,一味地偃武修文,在遇强敌之扰时,一定会手无缚鸡之力,国家的安危尚难自保,更谈不了大治天下。富国强兵,才会有备无患。歌舞升平的太平盛世,一定是以足够的国防力量为基,否则就会遗害无穷。就好像孔子所言:"以不教民战,是谓弃之。"

李世民深知这个道理。贞观初期,国内政局还没有稳定,周边又经常有蛮夷侵扰。因此他发现,只有"强"字当头,不忘武备,才可以防不测之变,平定外敌困扰,保卫国疆。所以,李世民时时都以强为念,并还经常以此来警示和教育臣下。在其所著的《帝范》中,他就这样告诫太子:"夫兵甲者,国之凶器也。土地虽广,好战则民凋;邦国虽安,忘战则人殆。凋非保全之术,殆非拟寇之方,不可以全除,不可以常用。故农隙讲武,习威仪也;三年治兵,辨等列也。"大致意思是,国家的凶器是兵甲。虽然有广大的土地,但是如果贪婪好战,就会致使民生凋敝;虽然邦国安定,但是如果忘记了战备,会让百姓懈怠。民生凋敝不是保全国家的策略,百姓懈怠更不是对付敌人的办法。虽然兵甲不可以全部废除,但也不能经常动用。所以要在农闲季节讲武,让百姓熟悉庄严威武的作战仪式,三年治兵的目的就在于此。

李世民以徐偃王放弃武备、终至丧国为反面教材,来警示太子不修武备的恶果。徐偃王是西周时徐戎的首领,僭称偃王。他拥有方圆五百里国土,但他统治的国家却只依靠仁义道德,没有战争准备。楚文王看到徐国这种文弱的局面后,采纳谋士"大之伐小,强之伐弱,犹大鱼之吞小鱼也,若虎之食豚也,恶有其理"的建议,引兵攻徐,打垮了徐国。徐偃王在快要死时说:"我依靠文德却丝毫不懂武备,所以才会落到今天这般田地,这是只行仁义之道而不懂得诈人的方法的可笑啊!"可惜,现在后悔为时已晚,徐国最后被楚国所吞并。

与此相反,李世民又举了一个例子作对比,那就是"勾践轼蛙,终成霸业"的故事。相传越王勾践在被吴王夫差打败后,在吴国受尽了耻辱。后来勾践为了报仇雪耻,养精蓄锐,决定出兵伐吴。然而在讨伐吴国时,他感觉自己并没有得到将士们全身心的付出。刚好有一次,在伐吴途中,他看到一只青蛙目睁腹胀、气势汹汹之态,好似一个整装待发的斗士一样。因此勾践立即很恭敬地从车上站起来,手扶横木,庄严地向青蛙表示自己的敬意。士兵们非常疑惑,问他:"你为何向青蛙敬礼呢?"勾践回答说:"我看到将士们在战斗中并没有用全力对抗敌人,现在看到青蛙这个无知的小生命都可以做到见到敌人满含杀气,所以我向它的崇高致敬。"将士们听后,都怀着破釜沉舟的信念去迎接战斗。勾践最终报仇雪恨,乘势北渡淮水,夺得了中原霸主的地位。

徐偃王和勾践的两种截然相反的结局形成了鲜明的对比,借助此例,李世民将话题移到正题上来,他说:"勾践在车上向怒蛙致礼终成霸业,而徐偃弃武备终致国破家亡。这是为什么呢?原因是越王以威武教民,而徐偃却丧失了武备啊。孔子说:'让平时不习战的老百姓作战,就是叫老百姓白白送死。'所以要记住,弓箭的威力在于利天下,这就是用兵的目的。"因此李世民还指出,君主如果不能认识到军队的威力,缺乏防备战争的意识,面对敌人的入侵肯定会毫无抵抗能力,只能束手待毙,更谈不上用军队来巩固国家政权、安定社会秩序、使全国人民安居乐业了。有此为鉴,李世民时刻不忘军备。正值西突厥大兵刚退,化险为夷之后,李世民更是深刻感受到"坐不安席,食不甘味"。可是战乱刚刚平息,灾荒连绵

第六章 跟李世民学合作——互补互助，大度能赢

不断，百废待兴之时，如果再让老百姓微薄的谋生费用支付国家军队的养护，肯定是雪上加霜。所以在慎重考虑之后，李世民决定施行府兵制度，并将府兵制度与均田制相结合，在发展生产的同时加强军备。

创始于北朝西魏大统年间（公元535—551年）的府兵制，隋初也曾沿袭。府兵都是由军府统领，不列入州县户籍，兵民可以分开。隋文帝灭陈，完成了一统全国大业。第二年，也就是开皇十年（公元590年），隋文帝对府兵作了重大的改革。他令府兵和他们的家属在州县落籍，平时从事生产，垦田种地；同时又保留军籍，在军府接受训练，按照规定轮番到京城担任禁卫，随时准备执行军事任务。各地府兵分别统属于中央的十二卫。这样隋代的府兵寓兵于农，让府兵制得以巩固和扩大。让流寓无定的军人入民籍，不仅有利于中央对军队的控制，还有利于社会的安定和生产的发展，进而减轻人民的负担。

唐朝在建立之初，李渊也曾力图恢复府兵制。但是李渊在位时，府兵仍带有战时的特点，组织的形式不固定，也不完备。贞观时期，李世民对府兵制进行了多方面的改革，使府兵制度得到完善。

从农民中直接征发府兵，征兵的年龄也是从二十岁开始，到六十岁后才可以免去兵役。征兵的标准就是，从财富相当的家户中取强壮的人，力量适当的家户取较富有的人，在财富和力量都差不多的家户中取那些家中男子多的。当兵士都被征调服兵役时，其本人可以免租调，但他的家眷不免征徭。贞观年间的府兵有三方面的来源：一是来自太原元从，其中有些是晋阳起兵前，李世民委派长孙顺德、刘弘基招募的万余士兵，然后加上李渊与李建成的军队约有两万人；二是来自统一战争中归附的军队，约有十七万人左右，这两方面的府兵都是武德年间形成的；三是点丁男为府兵，这是在李世民即位不久的武德九年（公元626年）十二月才开始实行的。

李世民将府兵制与均田制进一步结合。府兵"寓之于农"，通常情况

下，兵士三时农耕，一时教战。兵士既是兵府的士兵，也是均田制下的农民。兵农合一，既可以解决军队的兵源问题，又可以扩大劳动人手，增加生产。府兵在冬季农闲时从事军事训练，农忙时又从事农业生产，在发生战争时随时应征。府兵虽授田但不纳赋役。实际上府兵也是有负担的，兵役也就是徭役。府兵有义务轮流做宿卫或出征作战，都要准备兵甲衣粮，这比租调征敛的负担还重。一般的民力是承受不了的，所以主要应征对象是富裕农民。一如戴胄所说："比见关中、河外，尽置军团，富室强丁，并从戎旅。"也可从唐初规定的拣点卫士标准中看出："财均者取强，力均者取富，财力又均，先取多丁。"按照财力标准择取府兵，把贫苦农民排除在外，让应征者主要是富裕农民。征兵标准规定征兵时要先取那些经济宽裕的人，其目的就是让那些贫困者能有充足的时间劳作，希望得到天下大公，人人都可以富裕安康；然后才是兵士服役，只免其一人之税，而其家人不免，国家在确保军队兵源的同时又有稳定的税收以发展社会公益事业。即使他们有再多的兵丁，税也还是可以照样收入国库，这是一个两全其美的举措。

  对于府兵制，白居易有过这样的评价："太宗既定天下，以为兵不可去，农不可废。于是当要冲以开府，因隙地以营田。府有常官，田有常业。俾乎时而讲武，岁以劝农。分上下之番，递劳逸之序。故有虞则起为战卒，无事则散为农夫。不待征发而封域有备矣，不劳馈饷而军食自充矣。"

  兵源得到了保证，并不等于拥有强大的战斗力。要让府兵发挥战斗力，就必须有相应的政策措施。起到这种作用的是李世民的扶植军功地主的政策，它适应中小地主与自耕农随着经济上的发展，还要求寻找政治上出路的需要。唐初时期，从军杀敌就是一个晋身之阶。依照李世民的"刑不避权贵，赏不遗疏远"的政策，战士不分贵贱，凡立军功的都可升官授田，然后跻身军功地主行列。唐初奴隶出身的马三宝、樊兴、钱九陇等

第六章 跟李世民学合作——互补互助,大度能赢

因立战功,都被封公食邑,钱九陇还上升士籍。因此,出身农民或地主的战士,立有军功上升地主或官僚地主更是大有人在。如薛仁贵弃农投军、升任将领、获得勋田成为军功地主,以及苏定方由土豪而转化为官僚地主都是典型事例。

李世民施行的扶植军功地主的政策成效显著。一些应征府兵与应招募兵把保护身家与获得官爵、勋田的政治、经济利益结合起来,所以参加对外战争成为中小地主与富裕农民发家致富的重要门路。战争胜负也直接关系到他们的切身利益,所以调动了他们的战斗积极性。这是唐初府兵(募兵亦然)能发挥其威力、李世民能建立卓越武功的一个重要条件。贞观初,李世民扩大府兵队伍,积极备战,也从主观上为后来击败东突厥创造了人力条件。

农忙时府兵从事生产,农闲时则由将领带领其进行军事训练。战争一旦发生,就可以披上军甲出征。这种兵农合一的府兵制不仅保存了劳动力,还俭省了国家在军备上的财政支出,同时还扩大了兵源,增强了军事力量,收一石几鸟之功。"虞为战卒,闲为农夫",府兵制确实是一种严谨合理的兵役制度。府兵制要真正发挥它的作用,就必须得有一批能勇往直前、精于征战的士兵,也必须要加强军事训练,提高士兵的战斗力。

李世民在即位伊始,鉴于前代君主"不使兵士素习干戈,突厥来侵,莫能抗御"的教训,亲自在殿廷上教习卫兵射箭,并说:"我今不使汝等穿池筑苑……唯习弓马,庶使汝斗战,亦望汝前无横敌。"大臣纷纷进谏,封德彝说:"大唐法律载:'以兵刃至御前者绞杀。'当年有因为长孙无忌带刀上殿而欲杀守门校尉之事,现在怎么能使侍卫卑下之人张弓挟矢于殿庭中?陛下又亲在其中,万一有狂夫窃为突发,出于不意,防不胜防,请陛下以社稷为重。"李世民却笑着说:"王者视四海为一家,封域之内,皆为朕之赤子,朕推心置腹,为什么要对多年的卫士也要防范?"李世民经常对侍卫们说:"自古以来,有夷狄侵犯边境事,不足为患,患在边境少安,则人主游逸忘战。今朕不使汝等穿池造苑,以供玩戏,而专习弓箭,以卫国家。"李世民又设立了考核制度,用来检查将帅的武艺及行军布阵之法,并亲自校阅军队。在李世民的亲力亲为下,卫士射术提高很快。李世民对射术高明的卫士赏赐弓、刀、布帛,以资鼓励,由此"士卒皆为精锐"。

李世民大力培养良马,精练骑兵。他对两位养马的"伯乐"韦槃提、斛斯正也十分厚待,除赏赐之外,又封官职。每次朝宴,二人都会与群臣同席。后来马周看不下去,在贞观六年(公元632年)上疏指出:"韦槃提、斛斯正则更无他材,独解调马。纵使术逾侪辈,伎能有取,乍可厚赐钱帛,以富其家;岂得列预士流,超授高爵?遂使朝会之位,万国来庭,骀子倡人,鸣玉曳履,与夫朝贤君子,比肩而立,同坐而食,臣窃耻之。"尽管优良品种的战马对提高骑兵的战斗力有很大帮助,可是马周的话也很有道理。李世民曾经反对乐工与贤臣比肩,调马师也是技艺匠人,因为无法反对驯马师等有功者,李世民就只赏财物而不加封官爵了。

殿前练兵演武,厚待养马"伯乐",表现了李世民不拘常规、不同寻常帝王的气概。平庸的皇帝只会把个人生死安危置于国家利益之上,对臣僚疑心重重,对身边侍卫也不信任,怎能使人心悦诚服?又怎么可以统率三军战胜强敌?李世民对侍卫推心置腹,为保卫国家激励他们,与他们共同习武,让军队处于常备状态,其志趣高远令人称道。

所以,在《贞观政要》中,吴兢曾有言:"《书》称'放牛归马',《诗》言'橐弓戢戈',甚矣,兵非圣人之所尚也。然尝观周公作《周礼》,极言师帅、旅帅、卒长、伍长之制,详陈振旅、茇舍、治兵、大阅之仪,至于斩牲徇陈,凛乎如大敌之临焉。是兵亦非圣人之所废也。善乎李世民之言曰:'阇非保全之术,殆非拟寇之方,兵不可以全除,亦不可以常用。'圣人复起,不易斯言矣。"

五、官官相辅

树枝是无根不茂,要想将政权牢牢地攫为己有,就必须要建立自己的嫡亲体系,形成一个可以与自己协调一致、心手相应的决策班子。所以,李世民在暗中调查原东宫和高祖两班人马的同时,还陆续任命新的朝廷要员。他将自己原来的心腹之臣,如房玄龄、杜如晦等补充到朝廷的中枢机构,使其掌握重要的职务,从而将政治实权转移到自己手中。同时,为了避免亲信之臣权力过重,李世民又将部分高祖的旧臣,也就是原东宫故属置于廷中,巧妙地对房玄龄等人的权力予以牵制。最后,为了保证万无一失,还授职他官,使职权在悄然间得以分化。李世民也因此一步一步地,将权力牢攫于自己的手中。

李世民对房、杜等人的任用上,首先体现了中央权力的转移。李世民被立为皇太子后,因为他知道中枢机构的重要性,所以便任命宇文士及为太子詹事,长孙无忌、如晦为左庶子,高士廉、房玄龄为右庶子,尉迟敬德为左卫率,程知节为右卫率,虞世南为中舍人,褚亮为舍人,姚思廉为洗马,并任魏征为詹事主簿。这样就形成了一个完整的东宫官属。

这些人曾经都是秦府旧僚。宇文士及曾任中书侍郎、天策府司马,他曾随李世民平金刚,以功迁秦王府骠骑将军,后来又跟随李世民平王世充、窦建德,以功晋爵郢国公。在玄武门事变中,是他宣布了高祖李渊的手敕,平息了兵乱。长孙无忌是长孙氏的哥哥,李世民的内兄,小时候与李世民关系友好,经常跟从李世民征讨。玄武门之变也是他和房玄龄、杜如晦一起定谋决策的。杜如晦在李世民入长安时就跟着他,后来在陕东道大行台任司勋郎中,又以本官兼秦王文学馆学士、天策府从事中郎。高士廉是李世民和长孙氏的舅舅,李世民任雍州牧时,他担任雍州治中。在玄武门事件中,他带人释放了囚犯,发给他们盔甲武器,率领他们前往芳林门增援李世民。房玄龄早在李世民起兵进军渭北时,就"杖策谒见军门",投至李世民的幕下。从此尽心竭力,筹谋帷幄,最后被李世民亲近重用。尉迟敬德是武德三年(公元620年)李世民击破刘武周时,投降李世民的。此后屡立战功,与李世民也有着生死之交。玄武门事变,他也起到了至关重要的作用。程知节原在王世充幕下,李世民平东都,程知节在阵前揖别王世充,投奔太守,成为秦府的骁将。他也是鼓动李世民发动政变,除李建成、李元吉最有力的一人,并亲自参与了玄武门事件的战斗。虞世南、褚亮和姚思廉也都是秦府文学馆十八学士中的人物。

现在可以说是已经初步具备了贞观年间中枢核心集团的雏形。它以原秦王府属为主干,保证了人事调整的结果,最后成为以李世民为中心的政权机构,也确保了李世民对皇权的牢固掌握。

武德九年(公元626年)七月,李世民任命高士廉为侍中,宇文士及为中书令,萧瑀为左仆射,封德彝为右仆射,长孙无忌为吏部尚书,杜如晦为兵部尚书,为他的正式即位在组织上做了必要准备。贞观元年(公元627年),封德彝死后,由长孙无忌补为右仆射。贞观二年(公元628年)正月,长孙无忌辞官。杜如晦检校侍中,摄吏部尚书。李靖任检校中书令。同年的十二月,李世民提拔原东宫旧属王珪于相位,守侍中。贞观三年(公元629年)二月,李世民罢免裴寂宰相之职,又以中书房玄龄为尚书左仆射,兵部尚书、检校侍中杜如晦为尚书右仆射,刑部尚书、检校中书令李靖为兵部尚书,以尚书左丞魏征守秘书监,参与朝政。经过九年的努力后,李世民对中枢机构人员的调整已经基本上完成了,形成了一个以房、杜二人为中心的宰相班子。

这一领导班子政见较为一致,可以做到团结共事、互相支持。"王、魏

第六章　跟李世民学合作——互补互助，大度能赢

(王珪、魏征)善谏诤，而房、杜让其贤。"魏征等为房、杜辩解，称赞房、杜"皆朝廷旧臣，素以忠直"。开始时房、魏各为其主，相戾如仇；共事李世民后，相处如亲。他们互相尊重，精诚团结，使各项政策的顺利推行得到了保证。这些人组成政治联合，也在朝廷中占据了绝对优势。秦府主要僚属被充实到朝廷中枢机构，并担任重要角色，这就使得李世民牢固了皇位根基，权益威重。

李世民调整中枢机构人员之后，贞观时期的宰相体系与武德时期相比发生了很大的变化。李渊的门阀观念较强，他对裴寂说过："我李氏昔在陇西，富有龟玉，降及祖祢，姻娅帝室。及举义兵，四海云集，才涉数月，升为天子。至如前代皇王，多起微贱，劬劳行阵，下不聊生。公复世胄名家，历职清显，岂若萧何、曹参起自刀笔吏也！唯我与公，千载之后，无愧前修矣。"李渊是看不起布衣皇帝和大臣的，颇为自己出身门阀而得意。因此，在李渊中枢班子里的人都出身于世族门阀。如裴寂、裴矩、萧瑀、封德彝、杨恭仁、陈叔达、窦威、窦抗、宇文士及等，只有刘文静一人是出身庶族。李世民虽然也有些门阀观念，但他因在少年时就了解民间疾苦，又经历过长期的战争，了解下层社会并与各种人物交往，于是在他周围就聚集了一大批各个阶层的人才。这些杰出人才，既有世族出身，也有庶族出身。如房玄龄、魏征等为庶族出身，长孙无忌、杜如晦等为世族出身。李世民所营造的这样一个中枢体系，能够广泛地团结地主阶级各个阶层，从而得到扩大了统治基础的效果。

布置好自己的亲信故属，放下了一桩大心事，李世民却又在另一件事上顾虑重重——他原来的部属追随他多年，功劳显著，现在又官居高位，有可能会因功放肆，甚至恃权觎位。为了防患于未然，在构建领导体系的过程中，李世民两手并用，一方面在中枢机构中将李渊与李建成的旧属安插进去，形成三方互制的局面；另一方面又以他官授职，将权力分散，

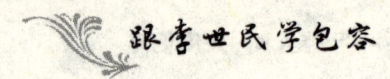

确保能把权力牢牢掌控在自己的手中。

唐承袭隋制,在中央实行尚书、中书、门下三省制。尚书省主管行政,其为首官员为尚书令,总领百官,仪刑端揆,并有左、右仆射各一人,命为尚书令之副。中书省掌军国之政令,辅佐天子执大政。长官为中书令,下设中书侍郎,为中书令之副。门下省,掌出纳王命,总典吏职,赞相礼仪,佐天子而统大政,但凡军国之务,与中书省参而总焉。长官为侍中,门下侍郎为侍中之副。唐初期,尚书令、侍中、中书令都是宰相。尚书令在诸宰相中又因地位最高,权力也是最大。因为尚书令位尊权重,所以从隋初三省制确立开始,尚书令之职经常是虚设。唐初,秦王李世民因为其功高而领尚书令之职。当时,统一战争还在激烈进行,李世民统兵征战,戎马倥偬,也只是兼领此职,并没有在朝中履行过尚书令的责任。李世民登上皇位后,尚书令就一直空缺。因为李世民曾任此职,"其后人臣莫敢当"。由是尚书左、右仆射便成为实际上的尚书省的长官,成为唐初的宰相且也是权力最大的宰相,侍中、中书令的权力都排在后面。

宰相是对君主负责、总揽政务的职务,又是居皇帝之下的决策班子,与皇帝共同统治集团的中枢,职繁任重。李世民积极倡导君臣共治,这个决策集团也被其依靠。因为宰相位高权重,倘若人员过少,势必造成权力过分集中,就会形成个人专权的局面,然后导致权力失控。考虑到宰相"品位极崇",为了避免破坏中央权力的完整性,李世民就"不欲轻以授人,故常以他官居宰相职,而假以他名",以量谋变通的方式来任用宰相。

以他官任职,本身就意味着要扩充政府最高决策层人数。因为这样,既可以集思广益,充分发挥宰相班子的作用,又可以有效分散朝臣的权力,避免少数大臣专权弄位事情的发生。于是,自从宇文士及因病罢职,杜淹取代他参与朝政之后,李世民就借机打开了这个缺口,将以他官参

第六章 跟李世民学合作——互补互助,大度能赢

与朝政作为任命宰相的一个惯例。

贞观三年(公元629年),李世民以检校侍中、摄居吏部尚书杜如晦进位尚书右仆射参与朝政,而房玄龄则是以中书令而进尚书左仆射的。从那之后,魏征以秘书监参与朝政,刘洎以黄门侍郎参知政事,岑文本以中书侍郎专典机密。而这些官名如"参议得失"、"参议朝政"、"参知政事",虽然名目不一样,但其实都是担任宰相职位的。刚开始,李世民不固定任命的宰相人数,而且职位也不是常设。渐渐地,这种以其官职兼职宰相的官名逐渐趋于一致,但在李世民时期,宰相的任用仍是不固定的兼职宰相。一直到贞观八年(公元634年),任尚书省仆射的李靖因病辞位,深谋远虑的李世民开始用另外一种宰相任用法,渐渐地将执行权和议政权分离了,使朝政更加趋于集中。李靖辞位后,李世民下诏令,让李靖的病稍有好转后,隔两三天就去"中书门下平章事",也就是去中书门下执行宰相职权,参与朝政决策。贞观十七年(公元643年),李世民又下诏令:"李勣以太子詹事同中书门下三品,谓同侍中、中书令也。"中书令、侍中官居三品,"同中书门下三品",即谓与中书令、侍中一样参与朝政。"同三品"之名也因为这样而出现。从这之后,"同中书门下三品","同中书门下平章事"就是以他官而任宰相的固定名称了。

在他官任职的时候,李世民大胆启用了那些资历较浅、品位较低,但却有才干和远见的官员来共同参与朝中大政,使其兼任宰相之职。这样,被大力提拔后的官员会诚惶诚恐,感恩戴德,然后更为卖力地为李唐江山效力。又因为这些人地位较低,势力也较弱,所以比较容易驾驭和控制。同时,以他官参与朝政,这些官员以各种名目加入到决策层中,参与决策的人数也会大大增加。宰相之间在决策时可以做到相互制衡,在无形中削弱了尚书省的地位和权势,有效地避免了权力的过分集中。

第七章

跟李世民学器度

——海纳百川,兼容并包

海纳百川,有容乃大。唐太宗李世民深刻认识到了器度的寓意,他明白如何去海纳百川、兼容并包,所以他容天下忠良之士,容四方的少数民族,从而成就了他的盛世王朝。

第七章 跟李世民学器度——海纳百川，兼容并包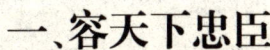

一、容天下忠臣

拥有臣子视己如腹心，誓力尽忠，才可以得江山长固。所以，李世民执政之际经常嘉许忠臣，担心当代不容易觅忠义之士。因此，上者感以召之，在下之人怎么会不兴而起？

贞观二年（公元628年），李世民为了消除玄武门事变留下的污点，决定重新礼葬太子李建成。当时，作为原太子府旧人的魏征与王珪，为表示自己的忠诚和怀念，上书请求为隐太子去行葬礼。李世民非常爽快地答应了他们，他这么做的原因主要是他那时已深刻认识到宣扬忠义之风对治国理政的重要性。礼葬太子建成就是一个宣扬仁义忠孝主题的机会，又有魏征等人的锦上添花，岂不是更好？当然结果也在意料之中，李世民既借此宣扬了忠义之念，又笼络了臣下之心，还为自己的过去涂上了一层厚厚的脂粉，圆满实现了他当时的目的。

李世民在处理玄武门之变的遗留问题时，不计前嫌，收容了原太子李建成和齐王李元吉的两名死党，冯立与谢叔方。李世民会有此举的原因，除了时势所迫外，还有很重要的一点就是，他很欣赏冯、谢二人对其主人的一片赤胆忠心，从而生出占为己用的想法。

冯立，在唐高祖武德年间曾任东宫率一职，很受隐太子李建成的敬重。隐太子死后，左右部下大多四下逃散。冯立感叹道："怎么可以在太子活着的时候受其恩宠，在他死了以后就各自逃散呢！"于是他率兵攻打玄武门，苦战杀死了屯营将军敬君弘，然后对他手下的人说："总算对太子有所报答了。"后扔掉兵器逃往乡野。不久后冯立自己回来请罪，李世民斥责他说："你之前领兵来战，杀伤我许多人马，你怎么能逃脱死罪呢？"

冯立哭泣着答："臣冯立为主子做事不惜生命,作战的时候自然什么也不顾忌。"说完悲叹不已。李世民非常地感慨,不仅安慰劝勉他,还任命他为左屯卫中郎将。冯立就对自己的亲信说："今遇秦王莫大之恩幸免一死,我一定会死命报答。"日后,冯立在与突厥交战时,大破敌军,立下战功,受到了李世民的嘉奖。

谢叔方,时任齐王李元吉府的左车骑,在玄武门变时率府兵与冯立所部一起苦战,结果杀了敬君弘、中将吕衡,让秦王李世民的军队士气大为不振。秦王府护军尉迟敬德拿出李元吉的首级示众,谢叔方下马大哭。第二天前来谢罪,李世民说："不愧为义士。"命令释放谢叔方,并授予右翊卫郎将之职。

贞观元年(公元627年),在一次与臣子的闲谈中,李世民谈论到隋朝灭亡的事,他感慨万千道："姚思廉不惧刀枪,彰显了崇高的气节,和古人相比,又有谁能超过他呢?"姚思廉当时住在洛阳,李世民赐他许多财物,并写信给他说："念你忠节之风,所以有此赠礼。"隋大业末年,姚思廉任隋代王杨侑的侍读学士。李渊率领的义兵攻克京城时,代王府下属官吏大多惊散而逃,只有姚思廉侍奉代王,没有离开他。兵士快要进到殿上了,姚思廉仍声色严厉地说道："唐公举兵起义,本来是为了匡救王室。你们不能对代王无礼!"兵士们听他说得很有理,久退到台阶下边分立两侧。不久,唐公李渊来到,听说了这件事,认为姚思廉是个忠义之士,就允许他扶代王杨侑到顺阳阁下面。姚思廉哭泣着给代王杨侑下拜,然后才离去。看到这一幕后,将士们都感叹姚思廉是个忠烈之士。李世民在登基的第一年就在群臣面前谈忠义,可见他的用心是极其深远的。他想让他的臣子们向姚思廉学习,以死来捍卫主子的尊严和权威。

贞观五年(公元631年),李世民对侍臣说："哪个朝代都有忠臣烈士,你们知道谁是隋朝的忠贞之臣?"侍臣王珪说："臣听说太常丞元善达留

第七章 跟李世民学器度——海纳百川，兼容并包

守京城时，见群贼横行霸道，就单枪匹马辗转往江都规谏隋炀帝。隋炀帝反而不接受他的规谏，命令他返回京师。后来元善达又极言规劝，炀帝大怒，还派兵追了他很远，把他杀死在南方湿热肆虐的山林间。还有虎贲郎中独孤盛，在江都担任隋炀帝的警卫，宇文化及发动叛乱，独孤盛只身抵抗致死。"

李世民又说："屈突通曾是隋将，与我军在潼关作战时，听到京城长安已经陷落，就带领军队往东撤退。义军在桃林中追上他，我派他的家人去招降他，他竟立即杀死那个家奴。又派他的儿子前去，他竟然说：'我是受隋朝任用的大臣，已供职两代皇帝。现在是我为节操而死的时候，以前我们是父子，现在我们是仇敌。'说完就用弓箭向儿子射去，他的儿子只好躲避离开了。此时，屈突通所率领的士兵大多逃散，他只身一人向东南方向放声大哭，以表达自己对京城陷落的悲痛之情，并说：'为臣蒙朝廷恩遇担任将帅，智谋力气都用尽了。造成今日这样的失败结局，不是我对国家不竭尽忠诚。'话毕，追兵将其抓住了。太上皇授给他官职，他总是称病推托。这样的忠诚节操很值得赞赏。"

为了进一步表示自己对忠义之念的重视，激励群臣前来效法，李世民就小题大做，大张旗鼓地命令有关部门去查访隋炀帝大业年间因为直言进谏而被杀死的大臣的子孙，并向朝廷报告，给予奖赏和慰勉。贞观十四年（公元640年），他又下诏说："我在处理朝政之外的时间，常读史书。每次看到前贤辅佐朝政、忠臣为国献身时，都想见他们一面，总是不由自主地放下书为之钦叹！时间相距不远，他们的后代还在，对他们即使没有做到大加表彰，也不能丢到边远之地而不管。"所以就命令有关部门去查找北国及隋朝两代的名臣及忠节之士的子孙，并予以登记，最后将这些人中自贞观以来因犯罪被发配流放的，进行宽大处理。

贞观十一年（公元637年），李世民与大臣论忠。他发现了一位烈忠之

臣的事例,说道:"狄人杀死了卫懿公,吃了他的肉,只留下他的肝。卫懿公的大臣弘演呼天大哭,取出自己的肝,而把卫懿公的肝放在自己腹中。今天要找这样的人,估计是很难找到了。"魏征回答说:"以前豫让为智伯报仇,就想行刺赵襄子。赵襄子抓住了他,对他说:'你过去在范氏、中行氏那里做过事吧?智伯把他们都消灭,你便在智伯手下做事,不替范氏、中行氏报仇。现在又要为智伯报仇,这是为什么?'豫让却回答:'我从前在范氏、中行氏手下为官,范氏、中行氏给我的是普通人的待遇,因此我和众人一样去侍奉他们;而智伯给我的是比普通人高得多的待遇,所以我就像国士一样去回报他。'因此,朝上有无忠臣,取决于陛下对待臣下的态度,怎么能怪罪自己的臣属中没有忠臣?"就这样,李世民巧开话匣,施以诱导,通过魏征之口,巧妙地传达了自己的思想,宣扬了为君为臣的忠义之道。

在平日里,李世民也总是见缝插针地大做文章,以彰扬他所推崇的忠义思想。贞观十一年(公元637年),李世民路过汉太尉杨震的墓前,感叹杨震因为忠贞而死于非命,便亲自作祭文来祭奠他。房玄龄还因此进言夸赞李世民的祭文,"令人哀婉又令人快慰",还说:"天下所有的君子,怎能不因此而砥砺名节,知道为善必有好报呢?"这一句话,将李世民的一哭一祭的用意淋漓尽致地表达了出来。

贞观十二年(公元638年),在巡幸蒲州时,李世民又心生一个想法,提出要对隋朝故将尧君素予以褒奖。原因是尧君素大业年间在河东任职时,坚守忠义,拒不降唐,最后身殉暴君,展现了居乱世而不改志向的高尚德操,尽到了为人臣子的大节。所以李世民将尧君素追赠为蒲州刺史,表示对忠臣的褒扬和尊崇之意。尧君素已泉下无知,但李世民这般做戏,无疑是演给他随从的群臣看的,臣下又怎么会不明白李世民的意思呢?又怎么会不行其所好,以博其爱呢?

第七章 跟李世民学器度——海纳百川，兼容并包

挖掘殆尽隋朝的例子之后，李世民又将目光转向了南北朝时期。贞观十二年（公元638年），李世民问中书侍郎岑文本："南朝梁代陈代有名望的大臣中，有谁值得称道？他们还有哪些子弟值得推荐吗？"岑文本奏言说："隋军攻入陈国时，众官四下逃散了，只有尚书仆射袁宪一人留在陈后主身边。袁承家的弟弟袁承序，现任建昌县令，为官清廉，高雅有德操，确实是继承了先父的遗风。"李世民于是就召拜袁承序为晋王友，兼作侍读，不久又派他担任弘文馆学士的职务。凡是忠正之人，李世民都要想方设法地招揽至宫中，既是为加强自身的实力，也是为激励大臣的尽忠求进之心，可以说是一举多得。

李世民清楚地知道，身正方能令从。所以，他十分注意保持自己的忠孝形象。为给群臣作出表率，有一次他要求亲自为其父李渊抬轿。李渊不让，在一番争执之后，最终由他的哥哥李建成抬起了轿子。然而他的执意躬行的举措却使大臣们颇为敬服，也起到了很好的示范作用。登临皇位以后，对当朝的忠直之臣，他也是一赞再赞。贞观六年（公元632年），李世民任命左光禄大夫陈叔达为礼部尚书，又实行驭臣之法，向他点明对他予以升迁的原因，主要是因为他在武德年间曾向李渊忠直进言，说到自己平天下有功，所以使自己没受太大挫折，才会有今日之业。陈叔达因效忠过自己就可以加官进禄，李世民通过这一举措巧妙地暗示臣属，只要能死心塌地地为自己卖命，就会加官进爵。

武德六年（公元623年）以后，正是李世民与李建成、李元吉等人间的矛盾最为白热化的时期。那时李世民因功高遭忌，不被兄弟所容。大臣萧瑀不被厚利所诱，不害怕严刑杀戮，始终站在李世民身旁。因此，贞观年间，李世民对萧瑀多次加以表彰，并赐诗："疾风知劲草，板荡识忠臣。"萧瑀诚惶诚恐，忙言自己"愧得'忠良'的评价，现在就是为国而死也心甘情愿"。后来，李世民还多次在群臣面前提及此事，大赞萧瑀的忠直，让其加

官进职。萧瑀性忠直，与房、杜不和，经常让李世民不高兴，李世民"积久冲之"多次想罢其职，但"终以瑀忠贞居多而未废也"。李世民的这种态度让萧瑀感激涕零，更重要的是让大臣们也目睹了李世民对待忠臣之诚信与尊崇，促使他们更为赤诚地为李唐江山争献其忠。

对忠臣的褒奖，就意味着对叛臣的贬斥。不忠不义之臣，不仅极大地威胁自己的江山构成，也一定会促成一种不良的社会风气。所以他们历来遭到统治者的唾恨，李世民也不例外。贞观年间，参与江都兵变，杀害炀帝的原隋将裴虔通、牛方裕、薛世良等人，虽然担任了朝中的官职，但后来都被发配到边疆。对叛臣的贬黜不仅可以剔除朝中的不安定因素，也对大臣起到了良好的警示作用，使他们不寒而栗：叛者必败。杀鸡儆猴，李世民的这一举措也是意味深长。

颇值一提的是，李世民到老都没有放弃他对忠直之义的说教。贞观十九年（公元645年），攻打辽东安市城时，高丽军民拼死征战。李世民下诏令唐军到城下去招抚敌军投降时，城中仍坚守不动。最终在其苦苦坚守下，没有破城而入。李世民为此感慨不已，在班师回朝时，赐绢三百匹给予守城将，褒奖这些坚持为臣节操的忠君之人。李世民为了李唐江山的长固久安，可以说是用心良苦。

"楚王好细腰，宫中多饿死"，上之所好，下之所行。李世民在为君近二十年中，一直费尽苦心，撒尽忠义的理念，假戏真唱，旁敲侧击，除叛扬忠，让群臣竞相投其所好。为政期间，人人尽献其忠，几乎没有反叛的大臣出现。既得人心，又固皇权，他的所谓"为江山社稷计"所付出的片片苦心，最终得以遍地开花，累结硕果。这也是因为他的器度可以容纳四方之士。

第七章　跟李世民学器度——海纳百川，兼容并包

二、容谏臣直言相告

贞观初期，隋朝二世而亡的教训李世民经常引以为戒，因此才能克制己欲，勤心待下，带来天下承平。然而帝王也是凡人，作为封建帝王，权重在万人之上，要想克服自己的贪奢之欲又是一件多么困难的事。贞观后期，国家基本上已经国泰民安，经济上也有了供其享乐的条件，李世民开始克制不住自己的欲望。尽管在口头上，他时时以"善始善终"自勉，但是在实质上却已骄念横长。

李世民有次巡幸九成宫，因随行人员众多，部分宫女住在九成宫下漳川县的馆舍里。随后，尚书右仆射李靖和侍中王珪随李世民赶到这里。当地的官员为了迎接李靖、王珪等大臣，就安排在此居住的宫女暂时移居别处。本来非常简单的一件事，但李世民听说后认为是对自己的不尊重，怒不可遏，当即命令查办漳川县官署及李靖、王珪等人。此时魏征已经晋升为郡公爵位，升任检校侍中，跟随李世民在九成宫。听到李世民的查办大臣命令，他进谏道："宫女不过是后宫中负责打扫卫生的女婢，而李靖、王珪却都是陛下的心腹大臣。大臣外出，地方官吏向他们询问朝廷法度，他们归来，陛下要让他们汇报民间的疾苦，这是国家常规制度呀！李靖、王珪等人居住馆舍，就是为了方便接见地方官吏的。如果因此审查官吏，天下官员何所是从。"李世民听后顿时醒悟过来，便不再追查此事。

不过随着国家逐步走向大治，李世民对于进谏的疏漏之心益增。根本原因就是来自其内心日渐滋生的抵制情绪。尽管他认识到了这一点，并一再坦言要虚心改正，但最终这一切都成了他的镀金之音。从他的行动来看，他在内心深处已是日益厌倦逆耳忠言了。

跟李世民学包容

贞观后期的李世民，骄奢之情越来越严重。他既想戒除奢侈豪华，励精图治；又想纵情声色犬马，一享人生安乐。结果后者战胜了前者，他一度大造宫室，行游不止，令群臣十分焦急。房玄龄和高士廉曾经路遇少府监窦德素，问其北门近日在建造什么。窦德素回宫后，将此事告知皇帝。李世民就将房玄龄等人召来，斥责说："你等只管南衙的事，我在北门有无营造，和你们有什么关系？"房玄龄等大为惶恐，连连谢罪。魏征看见了，立刻进谏说："臣不明白陛下为什么要责备他们，也不明白房玄龄、高士廉为什么要下跪谢罪。既然身为大臣，就是陛下的股肱和耳目，为什么就不能知道北门有所营造呢？如果工程有利，人工安排得当，他就有义务帮助陛下完工；如果工程有弊，即使已经动工，也应奏明陛下停止营造。这是君臣之理啊！房玄龄等人询问修造房屋一事显然没有错，可是陛下责备他们，房玄龄等人不知道自己所掌管的事却只知道向陛下下跪道歉，这让我无法理解。"听了魏征的规谏，李世民深感惭愧。

李世民后期总是津津乐道自己即位的政绩，志得意满之情总是会溢于言表。贞观十二年（公元638年），李世民对魏征说："最近所推行的政治教化，和以前相比如何？"魏征回答说："如果恩威并用，远方藩邦朝贡，和贞观初年相比，不能相提并论。如果说用道德仁义潜移默化，民心心悦诚服，和贞观初年相比，又相距太远。"李世民说："远方藩邦来臣服，应是由道德仁义施加的结果。以前的功业怎么会更大呢？"魏征说："过去四方还没有平安，您常把道德仁义挂在心上。不久后就因天下太平，开始骄奢自满。所以即使功业虽大，也始终不如以前。"李世民又问："所实行的和以前有什么不同吗？"魏征想到因为几年来社会安定，国家呈现出升平景象，李世民对政事也有所疏怠，于是回答说："陛下在贞观之初，总是引臣直言进谏。开始的三年中看到进谏者，总是很乐于采纳他们的建议。可是最近一两年，虽然是勉强接受臣下的进谏，总是会面有为难之色，心里亦

第七章 跟李世民学器度——海纳百川，兼容并包

是气愤不平。"

李世民原以为自己的询问会得到大臣们的歌功颂德，所以听到魏征的话感到非常意外，于是生气地说："你这样说有何凭据？"魏征说："即位之初，以死罪处元律师，御史孙伏伽进谏说：'按法律还不至于定死罪，不能容忍滥加酷刑。'因此把兰陵公主的花园赏赐给他，值钱百万。对此有人说：'所奏乃平常之事，而所赏赐太丰厚。'陛下是这么回答的：'我即位以来，还没有进谏之人，所以今天要厚厚地赏赐他。'这是告诉大家要进言。后来，又有担任徐州司户一职的柳雄对隋朝留下的人妄自给予俸禄等级，有人控告他，陛下命令柳雄自己坦白，不坦白就给予定罪。柳雄始终坚持说照实办理，竟然不肯坦白。经朝廷审判机关的官员后调查取证，知道柳雄是在欺诈，对柳雄处以死刑。此时，少卿戴胄上奏说，按照法律，对其只能处以徒刑。陛下却说：'我已对柳雄裁断完毕，只应处以死罪。'戴胄说：'陛下既然认为我说得不对，那就请立即把我交到司法部门去。罪不该死，能随便施以酷刑。'陛下满面怒容，派人去杀柳雄，可是戴胄仍然拉住陛下不放，反反复复达四五次，才赦免了柳雄。陛下因此对司法部门的人员说：'都像戴胄这样为我坚守法制，还会担心滥用刑罚杀人夷族的事吗？'这就是以喜悦的心情来接受劝谏的例子。前几年陕县县丞皇甫德参上书，所奏内容与圣上旨意全然相悖，陛下认为这是诽谤诋毁。臣下上奏说，上书的言词不激烈恳切，不能引起人们的注意，激烈恳切往往就像诽谤诋毁。当时虽然听从臣下之言，赏赐二十段绢，但内心仍然不高兴，表现出很不情愿的样子，这表现出您是难以接受劝谏的。"李世民说："的确如你所讲，除了你，估计没有能说出这话的人了。人人都苦于不能自知，你没有说这些话时，我认为自己的行为前后没有什么变化。可是听到你的议论，才十分吃惊地发现自己的过失如此严重。你只要保有这份赤诚的心意，我就会始终不违背你所说的话。"

通过魏征的言论可以知道，李世民此时已是口是心非，距贞观之初假颜闻谏已是差别很大了。托辞封口之迹，已经是昭然若揭。然而李世民却总是巧妙地以自责、面从、主动征询意见示之以世人，其两面三刀的功夫，很是高深。

很快，魏征给李世民上了一道奏疏，对李世民饰非拒谏、渐难善终之举作出了批评。他说："陛下在贞观之初，为利于他人而减少自己的享乐。现在，却是纵欲以劳人，谦虚俭朴的作风在逐渐地减少，骄傲奢侈的性情却一天天地增加。虽然说着许多关心人民的话，而真正最关心的却是自己如何享乐。有时想营建宫室，又担心臣下会劝谏，就借言说：'如果不这样做，对朕不方便。'碍于君臣的情面，臣下又怎么再去争论呢？您这样是执意要封住劝谏者的口，又怎么还能再选择好的意见而照着实行呢？"又说："陛下即位之初，会恭敬地接待臣下。皇恩下施，臣情上达。大家都诚心效力，心无所隐。近年来，忽略许多。地方官充使入朝，希望一睹圣颜，陈述所见。可是每欲开口，见您的脸色不好；想有所请求，您又不加礼敬。偶尔发现即便他们有聪明善辩的才略，也不能够充分表达出他们的忠诚。这种情况下希望上下同心，君臣协力，不是太难了吗？"李世民如此睿智，岂能不知魏征批评的用意？

贞观十八年(公元644年)，李世民已经发现自己对进谏多有疏忽，因此他就召集长孙无忌等人说："人臣对于帝王而言，大多都顺从帝王的旨意从不忤逆，用甜言蜜语来取得帝王的欢心。我现在提出的问题，大家不要有任何隐讳，要按次序说出我的过失。"长孙无忌、唐俭等大臣都说："陛下圣明，实行教化之道，致使天下太平。用我们的眼光来看，发现不了有什么不对的地方。"黄门侍郎刘洎对李世民说："陛下拨乱反正，创业为帝，的确是功高万古，的确如同长孙无忌等人讲的。可是近来有人上书奏事，言辞条理中如果有不符合您心意的，陛下就当面穷究指责，他们都很

第七章 跟李世民学器度——海纳百川,兼容并包

惭愧害怕。这好像不是奖励进谏者的行为吧。"李世民说:"你说得对,我应当马上改正它。"

　　兼听则明,从谏如流。无论何时,人都会随着地位和环境的变化发生改变。李世民身为帝王,仍在环境改变后滋生骄傲情绪,何况我们每个普通人呢?要想避免这种骄傲情绪带来的危害,身边必须有直言的谏臣,而且自己还要有器度和雅量容纳这些谏臣直言相告。李世民虽然在后期出现了一些负面情绪,但就因为他能容谏臣直言相告,才保障了贞观盛世一直延续下去。

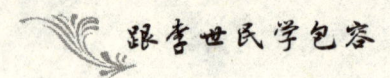

三、容纳多族一家亲

对于施恩能得到顺抚的人,李世民就力推"绥之以德",但也并非放弃使用武力。恰恰相反,德化政策的后盾是以威服,也就是"理人必以文德,防边必以武威"。所以,如果强敌多次进犯,耀而显威,如果不施以颜色,和平也不过是镜中之花、水中之月,转瞬即逝,国家尊严也会让人屡轻屡犯。在这个时候,就必须要坚持施以武力,以强慑之,这样才会求得团结,得到最终的安宁。

唐朝建立后,对突厥贵族的"前后饷遗","不可胜记",可是突厥贵族却"言辞悖傲,求请无厌"。武德初年(公元618年),突厥处罗可汗(始毕之弟)攻占了太原,"城中美妇人,多为所掠"。处罗可汗死后,他的弟弟颉利可汗继位,支持苑君璋进攻雁门。武德五年(公元622年)八月,颉利可汗亲率十五万骑入雁门,寇并州,又分兵攻打汾、潞诸州,虏五千余口男女。从那之后,突厥每年都会侵扰唐境,以此威胁唐都长安。武德九年(公元626年),趁着玄武门兵变,突厥又乘隙而入,李世民以智勇退敌,定下了渭水之盟。突厥贵族连年进兵,目的是掠夺唐朝边境,唐朝人民受到很深的伤害。在这样的情况下,人民要求必须抗击突厥贵族的进扰和掳掠,李世民要想巩固初建政权也必须得进行反击。毕竟那次,渭水退敌,不是以武力取得,而是以智取胜,这样,肘腋依然难安。面对突厥的威胁,李世民"坐不安席,食不知味",因此就以自强雪耻、奋发图强的精神激励自己,下定了平定突厥之乱的雄心。为了这一雄心,他积极备战,创造条件,随时准备等待时机,转入反攻。

贞观三年(公元629年),唐朝的社会经济迅速复苏,拥有了足够的财

第七章 跟李世民学器度——海纳百川，兼容并包

力和物力。加上贞观之初政治的稳定，所以渐渐地具备了反击突厥的条件。与突厥的力量相比，唐王朝已逐渐由劣势转为优势。颉利可汗自渭水便桥退兵之后，因为突厥社会内部矛盾的日趋激化，他的势力在逐步衰败。据《通典》载："贞观元年，阴山以北薛延陀、回纥、拔也古等十余部，皆相率叛之，击走其欲谷设。颉利遣突利讨之，师又败绩，轻骑奔还。颉利怒，拘之十余日，突利由是怨憾，内欲叛之。"《旧唐书·突厥传》载："颉利每委任诸胡，疏远族类，胡人贪冒，性多翻覆，以故法令滋彰，兵革岁动，国人患之，诸部携贰。频年大雪，六畜多死。国中大馁，颉利用度不给，复重敛诸部，由是下不堪命，内外多叛之。"

贞观二年（公元628年），突利可汗背弃颉利可汗，暗地相约唐王朝一起出兵进攻颉利可汗，给李世民赢得了里应外合的有利战机。又因为颉利可汗连年对外用兵，对内滥施刑罚，牧民不堪其虐；再加上频年大雪，六畜冻死，牧民生活困苦，而颉利可汗又不存恤他们，反而重敛诸部。"由是下不堪命，内外多叛之。"这时那些被俘的汉人因为不能忍受非人的待遇，纷纷挣脱奴隶的枷锁，有的聚集山险地区，有的与突厥牧民并肩作战。

突厥集团处于上层分裂、下层反抗的情况，又处于内有心腹之患、外受腹背之敌的不利境地，势力大为衰落。唐朝边将张公谨根据这一条件总结了六条有利战机，指出："颉利纵欲逞暴，诛忠良，昵奸佞，一也。薛延陀等诸部皆叛，二也。突利、拓设、欲谷设皆得罪，无所自容，三也。塞北霜旱，糇粮乏绝，四也。颉利疏其族类，亲委诸胡，胡人反复，大军一临，必生内变，五也。华人入北，其众甚多，比闻所在啸聚，保据山险，大军出塞，自然响应，六也。"张公谨周密详细的分析，也是对战略转折形势的客观总结。李世民也正是在这种有利条件下转入战略反攻的。

哪里知道唐军还没有完全离开，突厥又至。贞观三年（公元629年）十一月，东突厥颉利可汗悍然举兵入侵大唐戍守。肃州的刺史公孙武和戍

守甘州的刺史成仁重二人英勇抗战,并且大破其兵。紧接着,李世民又令各道行军总管李靖、李勣、李道宗、柴绍、薛万彻等五路大军,共率领十余万士兵,分道出击突厥,由兵部尚书李靖节制各军。

次年正月,李靖率领精骑三千,由马邑(今山西朔县)直趋定襄(今内蒙古清水县)城,先在城南的恶阳岭驻扎。驻在城里的颉利可汗非常意外,听说唐军只有三千,就不把唐军放在眼里,说:"唐兵不倾国而来,李靖怎敢提军至此?"李靖提前派人去离间颉利可汗与他手下酋长们的关系,然后才定下夜袭敌营的计划。塞外的冬夜,天寒地冻,月黑风高。三千唐兵衔枚疾驰,李靖早已派人混入城中,打开城门,唐兵一冲而入。颉利可汗从睡梦中惊醒,在亲信的保护下,狼狈逃窜。唐军遂夺下襄城。之后,李靖穷追不舍。李勣也出云中(今山西大同)伏兵于白道(今内古呼和浩特市西北)。白道为河套东北通往阴山以北的要隘。颉利可汗逃至白道时心有余悸,正在鼓励部下赶紧疾速通过,只听得一声鼓响,李勣就率大军出现在山口,堵住路口。颉利可汗仓猝应战,狼狈败北。突厥士兵自相践踏,尸横遍野。很多酋长早已和颉利可汗离心离德,在这个时候,他们纷纷下马投降。颉利可汗逃到阴山后,召集残部养精蓄锐,打算东山再起。为了让李世民放松警惕,颉利可汗派使去长安请降,李世民也装作不知其意,遣使前去谈判。远在千里之外的李靖等已完全领会李世民允降的真实用意。李世民遣使谈判,只是去麻痹突厥而已,并没有谕令李靖停止追击。李靖抓住有利时机,出敌不意,速战速决,终于一战征服东突厥,解决了唐朝长期的边患强敌。颉利可汗连夜逃遁,藏匿荒山野岭中,最后被行军副总管张宝相搜出,解送京师。曾经不可一世、地跨万里、"控弦百万"的东突厥,到此就宣告灭亡,漠南遂空,都是唐朝版图。

从武德三年(公元620年)起,东突厥发兵侵扰中原达五十多次,给中原社会的生活和经济秩序带来极大破坏,并且有高达数万中原农民被他

第七章 跟李世民学器度——海纳百川，兼容并包

们掳去做奴隶，使得中原土地无人种植，连年荒废。对东突厥反击的胜利，一下子就改变了千里无人烟、人去地荒的现象，和平的环境也使社会经济得以最快的速度复苏。同时，这次胜利也加快了唐朝统一的脚步。

贞观四年(公元630年)，东突厥被平定之后，北方形势就发生了迅速的变化。薛延陀夷男乘着"朔塞空虚"的机会，"率其部东返故国，建庭于都尉犍山北，独逻河之南"。东边到室韦，西边到金山，南边到突厥，北临瀚海，"胜兵二十万"，下立其二子拔酌、颉利苾为南北部。虽然唐与东突厥的矛盾基本上是解决了，但同薛延陀的矛盾却因为形势的新变化而改变。李世民的政策也随变化而发生改变，也就是从过去支持、拉拢薛延陀，抵御东突厥，改为利用东突厥的力量打击薛延陀。

贞观四年(公元630年)七月，李世民让阿史那思摩率领突厥各部渡河回到他们各自的故地，然而，突厥各部都害怕薛延陀的势力。所以，李世民就下诏给薛延陀，告诉他，和突厥之间要互不侵犯，如果两部谁都不守规矩，大唐就发兵讨伐。薛延陀一时也很忧虑，就假意答应李世民。然而，在李世民出游洛阳并准备在泰山封禅之时，薛延陀部的真珠可汗却趁机南侵，想打垮阿史那思摩可汗的突厥余部，侵占漠南，企图进一步侵犯唐朝北方边境。阿史那思摩抵挡不住真珠毗伽可汗的攻击，就急忙向李世民告急。这年夏天，李世民命兵部尚书李勣为朔州道行军总管，率兵六万，由并州出击薛延陀；又命营州都督张俭率东北各部从东边攻击薛延陀；再命李大亮为灵州道行军总管，从两面夹击；另外还派张士贵、李袭誉共五路大军远袭薛延陀部。诸将辞行时，李世民授以方略说："薛延陀因为其强盛，漠而南，行数千里，马已疲瘦。所有的用兵之道，见利速进，不利速退。薛延陀不能掩思摩不备，急击之，思摩入长城，又不速退。吾已敕思摩烧剃秋草，彼粮糗日尽，野无所获。顷侦者来，云其马啮林木枝皮略尽。卿等当与思摩共为掎角，不须速战，俟其将退，一时奋击，破之必矣！"

十二月,薛延陀将入寇,教士兵们以步战之法,于是大度设将三万骑逼长城,想要攻打突厥。而思摩退居长城以南,只是遣人登城骂阵。等到李勣率唐兵到来,尘埃涨天,大度设惧,率众逃走。李勣选轻骑六千邀击,追及于青山。大度设连续走很多天,到了真水,勒兵还战,立阵横亘十里。突厥先与之战,没有取胜,败走;大度设乘胜追之,遇唐兵,薛延陀群射弓箭,唐马多死。世勣命士卒皆下马,执长稍,直前冲之。薛延陀重溃,唐兵趁胜追击,斩首三千余级,捕虏五万余人。大度设脱身走,副总管薛万彻没有追上。薛延陀逃至漠北,正值大雪,十之八九的人畜都冻死了。这是唐朝与薛延陀之间发生的第一次大规模战争。

贞观十九年(公元645年),真珠可汗死了,他的儿子多弥可汗趁李世民东征高丽的时候,再次南下,率领十万骑兵渡河而来。唐军也早有准备,右领军大将军执失思力率突厥兵与大将田仁会所率唐兵,一鼓作气,将薛延陀兵打败,追敌六百里以外。多弥可汗仍不死心,又转攻夏州。李世民此时早已回到长安,他命李道宗和执失思力一起去御敌。后来,执失思力与夏州都督乔师望出兵将多弥可汗击退。这时,回纥、同罗、仆固诸部起兵反抗,薛延陀内部也发生内战。李世民就乘机派大军北进。命江夏王李道宗、左卫大将军阿史那·社尔为瀚海安抚大使,又命右领军大将军执失思力统领突厥兵,右骁卫大将军契苾何力统领凉州兵及突厥兵,代州都督薛万彻、营州都督张俭各率所部兵,分道进击薛延陀。唐军大破薛延陀,多弥可汗也被回纥杀死,勿失可汗继位,让他们返回到自己的家乡,部众有七万。李世民担心薛延陀会卷土重来,再命李勣统兵西征。

李世民告诉李勣用兵方略:"降则抚之,叛则讨之。"李勣召回纥等九族酋长共至薛延陀牙帐都督军山(今杭爱山),受降勿失可汗。勿失可汗南奔荒谷之中,最后被李勣招慰迫降。可是他的部众不服,北窜山中。李勣大怒,纵兵追袭北逃者,斩杀三千首级,俘获三万余部众,解送勿失可

第七章　跟李世民学器度——海纳百川，兼容并包

汗班师回朝。李道宗率兵远出漠北，斩杀千余人薛延陀残众，终于镇灭了薛延陀汗国。北方诸部落也纷纷请求内附。

焉耆位居高昌之西，贞观初年（公元627年），曾经遣使入唐，开通了入碛商路，一度与唐友好。贞观中，西突厥崛起，联合高昌，共攻焉耆。高昌俘获七百焉耆居民，称之为"生口"，当作奴隶。焉耆为求自身安全，希望唐军可以给以援助攻击高昌。李世民平定高昌，用焉耆声援之功，"诏以所虏焉耆生口七百还焉耆王"。高昌灭后，西突厥势孤力单，极力拉拢焉耆，结成姻亲，扩大势力，联合起来抗拒唐廷。贞观十八年（公元644年），焉耆王突骑支叛唐，归附西突厥欲谷设可汗。安西都督郭孝恪疏奏李世民让其出兵平叛，李世民同意。就在这个时候，焉耆内部发生分裂，焉耆王突骑支的兄弟栗婆主动投奔了唐军。郭孝恪便命栗婆作为向导，进攻焉耆。郭孝恪率步骑三千，绕出银山，倍道兼程直趋焉耆城下，夜袭王城，里应外合，一攻而入，将焉耆王突骑支生俘。此时，西突厥重臣屈利啜引兵救焉耆，并追击郭孝恪，郭孝恪给与猛烈还击，最后大破屈利啜。栗婆取而代之，成为新的一朝焉耆国王，向大唐称臣。

为了完成统一大业，李世民在贞观九年（公元635年）出兵吐谷浑，打通了河西走廊的通道。贞观十四年（公元640年）又平定了高昌。在此之后，又相继进军焉耆、龟兹等地。到了贞观二十二年（公元648年），又彻底打败了西突厥，使整个天山南北至巴尔喀什湖以东、以南地区，都摆脱了西突厥的残暴统治，唐朝至此统一了西域。

这些战争多半是为了维护边境地区的安定，制止少数民族贵族对中原的掠夺和骚扰，减轻中原人民的困苦，巩固唐朝的统一。但是，战争只是解决民族矛盾冲突的一种手段，并不是最终目的。战争之后，李世民又及时采取了一些比较有效的措施处理民族间的矛盾，改善民族间的关系，从而促进了一个多民族国家形成的历史进程。

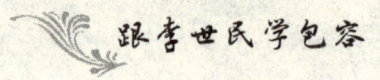

四、海纳百川

当自己强大时,肯定容不得邻国强而觊之。所以,每次有邻国阻其发展壮大,或强大到将要成为外患而有扰其之危时,李世民就容不下它,一定会先下手为强,欲除之而后快,以免遭"后下手遭殃"之祸。但是如果不会影响到自己的国家和人民,李世民就会以自己博大的胸襟容纳他们。

吐谷浑曾是鲜卑慕容部的一支,祖先居住在东北辽宁区,公元四世纪(西晋永嘉年间)西迁到青海地区,与羌人杂居,以游牧为生。唐初,高祖李渊派人"使于吐谷浑,与敦和好,于是吐谷浑主伏允请与中国互市"。东突厥败亡之后,吐谷浑的势力渐趋强盛,曾多次入侵河西走廊,威胁中原与西域的交通和经济交流。贞观八年(公元634年),可汗伏允拘留了唐朝使臣。李世民曾十余次派使臣往返,伏允表面上与唐朝结好,要与唐朝和亲,替其子求婚,却又不同意入京来迎亲,毫无诚意。就在这时,鄯州刺史李玄远上奏:"近日吐谷浑良马于青海湖边放牧,轻兵掩袭,可获大利。"于是李世民决定大举征讨吐谷浑。贞观八年(634年)六月,李世民派遣左骁卫大将军段志玄为西海道行军总管,命左骁卫将军樊兴为赤水道行军总管,将边兵及契苾、党项之众以击吐谷浑。

后来,唐平定了吐谷浑,解除了河西走廊东部的威胁。吐谷浑立嫡子伏允为可汗。李靖上奏李世民,说吐谷浑已被平定。李世民下诏以慕容顺为西平郡王,恢复其国。李世民担心慕容顺不能服众,继续命李大亮将精兵数千为其声援。吐谷浑被平定后,不仅解除了河西走廊的威胁,唐通往西域的道路也因此被打通。李世民仍令降伏的吐谷浑居其故地,对它给与安抚,后来吐谷浑就成为唐对吐蕃用兵的依靠力量。

第七章 跟李世民学器度——海纳百川,兼容并包

北魏时期,薛延陀就是回纥中最为强悍的部落,其祖先是汉代时的匈奴,习俗与突厥差不多。隋末唐初,薛延陀与铁勒的其他部落曾经先后分别依附于东、西突厥。后来,因为薛延陀的势力逐渐强大,贞观初年(公元627年),依附于颉利可汗的薛延陀首领夷男,趁颉利可汗衰落的时机发动反叛,自立为汗国。刚开始时,薛延陀与唐王朝并没有冲突。贞观三年(公元629年),夷男还接受了李世民所封的真珠加可汗的封号,双方建立了友好关系,李世民也没有对其有什么攻击举措。可是自东突厥汗国灭亡后,大漠以北的地方空虚,夷男可汗就率部进入原东突厥所占有的故土,建牙帐于都尉犍山的北面,得到原铁勒各部落和其他各族的支持。室韦、靺鞨等族也都归附夷男可汗,薛延陀的势力日益强大,拥有精兵二十余万,开始南下骚扰唐王朝北部边境。

李世民考虑到薛延陀日渐强盛,"恐后难制",十分担心它日后会成为唐朝的后患。他在贞观十六年(公元642年)与侍臣的对话中,就十分强烈地表露出了这层意思,他说:"北方外族的世代入侵扰乱,现在薛延陀部也非常强盛,没有和开始一样与我朝交好。需要尽早想办法制服它,清除这个祸根,才能保证百年之患"。贞观十二年(公元638年),李世民派使臣到薛延陀,分别命其可汗夷男的两个儿子为小可汗,表面上是对薛延陀的恃宠,实际是想借此来分化它的势力。又把东突厥残部迁移到与薛延陀接壤的漠南地区,立李思摩为可汗。李思摩是突厥颉利族人,"李"是李世民赐给他的皇族的姓。李世民立他为突厥可汗,率部屯驻漠南,作为唐对付薛延陀的一道屏障。夷男非常讨厌李思摩,对唐朝的这一举措非常不高兴。就在李思摩准备回京赴任的时候,夷男派儿子大度设率骑兵八万南侵,向李思摩部落发起进攻。李思摩抵挡不住,急向唐朝求援。

李世民于是任命兵部尚书李勣为朔州道行军总管,率兵六万,由并州任所出击薛延陀;又命营州都督张俭率东北各部从东边进击薛延陀,派

李大亮为灵州道行军总管,从两面一齐进击;又派张士贵、李袭誉共五路大军远征袭击薛延陀。大军行动前,李世民面授机宜说:"薛延陀越大漠南来,道经数千里,马匹疲瘦。此时应当烧尽草原牧草,待它刍粮日尽,野无所获,再协力出击,定可破敌。"唐朝大军命李勣为主帅,分路大军进击薛延陀军。薛延陀军退至漠北,又惨遭大雪,大半人畜冻死,实力也被削弱。其首领前来请降,日后经过养精蓄锐,于贞观十九年(公元645年)九月又一次大举进犯。唐军也早有准备,于是又一次大败薛延陀,并且乘胜追击,一举灭亡了薛延陀汗国。

高昌辖境当今新疆吐鲁番地区,是通向天山南路、北路的唯一出口,也是古代中西交通的孔道——"丝绸之路"的必经之地。自汉至北朝,中原王朝或西北的游牧民族都积极地经营这个军事与交通要地。麹氏高昌王朝也是个以汉人为主体的封建割据政权,它因长期受到汉族政治、经济、文化的影响,有着较高的经济、文化水平。唐初,高昌王伯雅与李渊交好,伯雅还遣使向唐入贡。他死后,唐也派使者去临吊。贞观初年(公元627年),伯雅的儿子文泰入唐纳贡,李世民对他也有颇多赏赐。当时,西域各国来唐纳贡时都要经过高昌,高昌也几乎垄断了"丝绸之路"上的要道,从中获得了很大的利益。考虑到高昌地理位置的重要性,李世民当然希望此地能为己所控,畅通无阻。可是,因为两突厥和吐谷浑的崛起,高昌却称臣于西突厥,致使西域与唐朝的道路受到了阻隔。在吐谷浑被平定之后,打开河西走廊的道路,就可以挺进西域。

贞观六年(公元632年)七月,焉耆王突骑支遣使入贡。刚开始,焉耆入国要由碛道。隋末战乱,碛道闭绝,于是才改道经过高昌。今麹文泰阻断通路,故突骑支请求重开碛道,以通往来。李世民答应了他的请求。于是高昌怨恨焉耆,要遣兵攻打焉耆,并任意拘留途经高昌赴唐的西域贡使,抢夺贡物,截断商旅,又侵扰内附于唐的伊吾(哈密),扣留自突厥逃归大

第七章 跟李世民学器度——海纳百川，兼容并包

唐的汉人做奴。李世民深谋远虑，力排众议，毅然任命大将侯君集为交河道行军大总管，契苾何力为葱山道副大总管讨伐高昌。虽然高昌与唐之间相距七千里，而且途中环境险恶，但侯君集大军仍神奇地到达了碛口。麹文泰得悉，因为惊吓过度发病而死。其子麹智盛继位为王，加强城防，力图固守。当唐军行进到柳谷时，侦察骑兵报告："高昌王文泰死了，不久将举行葬礼，那时全国的老百姓会集合送葬。如果用二千轻装骑兵前往袭击，肯定大获全胜。"副将薛万均、姜行本也都认为可行。可是侯君集说："天子是因为高昌国傲慢无礼才让我们前去讨伐，如果现在趁人家举行葬礼的时候袭击，不能称为武功，这不是问罪之师做的。"于是就按兵不动，等待葬礼完毕之后再进军。随后大军继至，攻拔其城，虏七千余口男女。以中郎将辛獠儿为前锋，夜晚进逼其都，高昌逆战而败，大军抵达他们的城下。麹智盛此时已经没有办法了，就出城投降。唐朝用不到半年的时间便迅速平定了高昌。

高昌平定之后，李世民想在高昌设州县管理。魏征却加以反对，他认为，如果用其地设州县，就常需千余人镇守，数年一换，往来死亡的有十分之三四；加上要供办衣资，虚耗钱财，还不如复立其子，安抚其百姓。则威德远被，四夷悦服。一向对魏征言听计从的李世民此时却表示不赞同，没有采纳魏征的建议。因为西域自汉以来就是中国领土，统一西域的雄心早就已在李世民的心里生根，而平定高昌又是他统一西域大业中的一个不可缺少的重要环节。所以，即使高昌不主动来犯，李世民也会寻机将其征服，更何况高昌又与西突厥结盟。如果继续任其发展壮大，一定会威胁到中原地区。所以，将其俘获之后，李世民怎么会愿意再放虎归山呢？所以，他最终坚持己见。从此以后，李世民将高昌行政区域划归唐王朝版图，"改西昌州为西州，更置安西都护府，岁调千兵，谪罪人以戍"。贞观十六年（公元642年），李世民任命郭孝恪为安西都护、西州刺史，州治为高

昌旧都。高昌的统一，扩大了唐王朝的西部疆域，"于是唐地东极于海，西至焉耆，南尽林邑，北抵大漠，皆为州县，凡东西九千五百一十里，南北一万九百一十八里"。

龟兹在焉耆的西边，是通往中亚地区的主要商业城市。史书记载，它有较高经济文化水平，农牧并举，城郭屋宇、文字算计、佛法胡书，均较发达；居民能歌善舞，音乐悦耳，以龟兹乐闻名于世。贞观初，与唐时有使节往还。不久后，西突厥乙毗咄陆可汗勾结龟兹诃黎布失毕，就与唐为敌。贞观十八年（公元644年），郭孝恪率兵进攻焉耆，龟兹派兵援助突骑支。焉耆平，西突厥加紧控制龟兹，这就堵塞了西域的通道，使其不能畅通。为打通丝绸之路，不让西域统一大业功亏一篑，李世民决定征讨龟兹。贞观二十二年（公元648年），李世民命东突厥大将军阿史那·社尔、契苾何力及郭孝恪等诸将，率十万突厥骑兵，奔袭龟兹。阿史那·社尔首先击败西突厥处月、处密两个部落，受降两位酋长，然后穿过其地，翻越天山，从焉耆西部插入龟兹北部，距龟兹城三百里之地驻兵。

阿史那·社尔与诸将商议说："龟兹城十分坚固，还有大兵据守，担心不易突袭得手。如若将龟兹军引至城外，很容易破敌。"郭孝恪说："可派少数唐兵佯攻龟兹城，敌军就会全力反击；我军再佯退，将敌军引至大军包围圈中，城可破也。"诸将都赞同这一计策。阿史那·社尔遂命令伊州刺史韩威率领千余骑兵为先锋，右骁卫将军曹继叔统大军随后。龟兹国王诃黎布失毕闻知唐军先锋千余骑前来，并不在意，同宰相那利羯猎率五万大军迎战，企图一举歼灭唐军先头部队。韩威的先锋骑兵果然被龟兹军打败，龟兹军紧追不舍。这时曹继叔刚好率兵在此堵截，龟兹军终于大败向北逃去。

形势从此急转而下，阿史那·社尔率大军直达龟兹城。兵临城下，布失毕弃城而逃，阿史那·社尔让郭孝恪镇守龟兹城，又让沙州刺史苏海政和

第七章 跟李世民学器度——海纳百川,兼容并包

大将薛万备率精骑五千追击布失毕。布失毕逃到拨换城(今新疆阿克苏),据城固守。阿史那·社尔亲率大军赶到那里,围城四十天才破城,生擒龟兹王布失毕和宰相羯利颠。

龟兹国的另一个宰相那利在这次战斗中趁乱而逃,不久他便又召集旧部和西突厥骑兵五万多人夜袭郭孝恪营寨。郭孝恪大败,城中的唐兵拼死抵抗。后曹继叔和韩威赶到龟兹城,大败那利。仅过了十多天,那利率残兵再战,又被唐军杀败。曹继叔杀敌八千多人,那利最终被活捉。阿史那·社尔前后破龟兹有五座大城,其余诸城也相继投降,获得七百余城,俘虏男女数万口。阿史那·社尔宣唐国威,并立龟兹王之弟叶护为王,龟兹人非常高兴。阿史那·社尔勒石记功而还。因为阿史那·社尔对西域地区十分熟悉,他传檄各地,很快就招抚各族酋长、部众数万,各王都竞相归来,没有不臣服的。于阗王伏闍信跟从阿史那·社尔部将薛万备入朝。从那以后,于阗和大唐便建立了良好的关系。从此,大唐与西域贡使不绝,商旅往还,畅通无阻。

这次战争的胜利,使唐通往西域的道路全部贯通,唐朝威震西域诸国,葱岭以东各小国纷纷脱离西突厥的控制,向唐遣使交好。安国等国在唐平定龟兹后争着送驼、马、军粮用以慰劳唐军。破龟兹后,李世民将安西都护府移于龟兹,统率于阗、疏勒、碎叶、龟兹,谓之"安西四镇"。设置安西四镇的意义重大,它保证了西域地区和内地交通的畅通无阻,中亚、西域和唐朝的经济、文化的交流也得以日益频繁。

李世民终于一举又除掉了统一西域大业途中的绊脚石,使得西突厥势穷力怯,向大唐纳贡称臣。李世民先征服吐谷浑,确保了河西走廊的安全,为统一西域取得了前哨阵地。有此阵地为基,平高昌、灭龟兹、除焉耆,沿途将眼中之钉一个一个歼灭,作为击灭西突厥的前奏曲,最终一举打通了中西交通的通道——丝绸之路。不仅完成了他统一西域

的大业,也大大促进了中西经济文化的交流,为唐朝走向繁荣铺上了一条金光大道。

"肉中之刺,势必拔之",因为吐谷浑、高昌、龟兹诸国或过于强大,或占据了太为重要的地理位置,或飞扬跋扈,最终超出了李世民的气量,不能被其所容。

隋唐之际,辽东及朝鲜半岛上共有三国:高句丽、新罗和百济。他们本来都是中国的藩属国,都承认唐朝的总主权。但是隋末中国的大乱让高丽乘机占领了辽河西岸的大片版图,还花费了大约十年的功夫建造了一条用堡垒联结起来的防线。特别是公元642年,对中国以强硬闻名的大将泉盖苏文发动政变,杀死了唐朝的荣留王后,不仅采取了摆脱中国的独立政策,而且还向半岛南部的新罗发起了攻击,切断新罗贡使前往长安的路,拘留了唐朝派去的外交官,企图一统朝鲜半岛。唐朝政府肯定不愿看到这一恶况,为了防止高丽与周围的靺鞨、日本联盟和侵略对唐朝友好的新罗,以大将李勣为代表的唐朝政府官员主张对高丽采取强硬手段。同时又因高句丽占据着朝鲜北部和辽宁大部,阻断了新罗、百济与中国的联系,不许两国与中国交好,贞观初年(公元627年),新罗就曾向大唐求援。事关重大,李世民征求大臣们的意见,因遭到魏征的反对,而没有出兵。

虽然李世民在其位时,多次征讨周边小国,但是在最开始时,李世民并没有主动出击,而是用容纳之心与他们交好,是他们的主动侵犯才得到回击。纵观历史,我们可以发现,李世民虽收了他们,但是对他们也都以海纳百川的胸襟去包容教化,最终让唐朝成为一个多民族大一统的王朝,同时对外邦的文化也有容纳之心,这才创造了后来的盛世,发展成为众多西方国家所效仿却无法媲美的大朝。

五、以海纳百川之表意破敌

在与敌军交战的时候,要乘其不备,出其不意,这是克敌制胜的法宝。"明修栈道,暗度陈仓"也是一个制敌于不备的好方法。李世民在临战之机,用这个方法,为自己得到有利形势助一臂之力,也为容纳别人提供条件。

贞观元年(公元627年),在与突厥交战的过程中,李世民就采取远交近攻的策略,让突厥处于腹背受敌的情形之下。这是很高明的一着棋,加剧了颉利与突利、薛延陀关系的恶化,又剪除了突厥的羽翼梁师都。灭了梁师都后,突厥十分惊慌。贞观三年(公元629年),薛延陀毗伽可汗又派遣他的弟弟为使臣,到长安入贡,李世民赐宝刀一把。颉利深深地感到处境危险,也遣使向大唐称臣,希望可以和亲,修子婿之礼。

当时,镇守在代州的都督张公谨根据自己对突厥实情的了解,提出敌弱我强,应当抓住这个有利时机大举进攻。但是李世民对此还是有很大的顾虑,他说:"我们与颉利可汗已经有了盟约,互不侵犯,这该怎么办好呢?应怎样以一个正当的名义出师?"兵部尚书杜如晦则觉得,戎狄自古是无信之人,突厥内忧外患,是上天要灭之,所以没有必要固守盟约,让盟约约束自己。况且如果没有乘机而破,肯定会导致时不再来,很难再图之。然而突厥若得以平息内乱,对唐朝就会构成极大的威胁,到时就追悔莫及了。大臣们也纷纷表示赞同这个意见。李世民在内心其实也早有此意,只不过出战之前,还想往自己脸上贴点金罢了。听到杜如晦的这番言论,他略微分析一下,就顺水推舟地答应了下来,下定了讨伐突厥的决心。因此,李靖与突厥之间展开了第一次大激战,大败突厥而归。李世民听到这个消息后非常高兴,赞扬道:"李靖以三千骑,喋血虏庭,大败突厥,前所未有,此役足洗我渭桥之耻!"李世民于是宣布大赦天下,祝酒五日。获胜后,李靖仍然穷追不舍,李勣也与之配合作战。最后在白道大败突厥,突厥溃不成军。

  李靖在攻取定襄之后,颉利可汗非常恐惧,退守铁山,还有着数万兵马。于是他派亲信执失思力入朝谢罪,请求举国内附。李世民便命李靖为定襄道行军总管,率兵前往接应。颉利可汗虽然表面上派人朝见,可是在内心里仍犹豫动摇,打算徘徊观望。他最担心的还是唐军的乘胜进击,因此用这个来作缓兵之计,所以心里是惴惴不安。同年二月,李世民派鸿胪卿唐俭、将军安修仁持朝廷符节前往安抚,颉利可汗心里稍稍有些安慰。颉利可汗求和是缓兵之计,同时也是对唐朝的试探。唐朝接受降书,他也就可以暂作休整,伺机东山再起;如果唐朝不许其降,他就尽早远离此地,避开唐军主力。李世民也知道颉利可汗不一定是真心降附,如果要让突厥保存实力,最终肯定是一个大隐患。但是如果不受降,颉利可汗也有可能率众逃走;如果听信他们投降,可能就给了敌人喘息的机会。所以李世民就派李靖率大军迎接,名义上是接应,其实是让李靖寻机一举歼灭他们,永绝后患。又派唐俭等人前往安慰,目的就是先稳住颉利可汗,以防止他率众脱逃。

  当李靖揣摩出李世民的这一用意后,被李世民的深谋远虑所深深折服。他告诉将军张公谨说:"朝廷的使者到了突厥那里,颉利可汗一定会放宽心而不加戒备,从白道突袭一定可以大获全胜。"于是挑选了一万精锐骑兵,准备好20天的干粮,引兵进袭突厥。张公瑾说:"皇上下诏听许突厥投降,朝廷的使者又在敌营中,恐怕进攻不大合适。"李靖说:"韩信破齐,正用此计,机不可失,管不得唐俭了。"二人商议好决策,没有请示皇上,因为那样做只会贻误战机。正所谓兵不厌诈,奇兵为上,李世民是不会因为这个而反对的。李靖领一万精骑,携带20天的干粮,从白道出发,马不停蹄地飞驰

第七章 跟李世民学器度——海纳百川，兼容并包

疾进。李勣率大军随后接应。率兵到阴山，大雾迷天。颉利可汗正在设宴款待唐俭。李靖先将在阴山下扎营的数千突厥兵俘获，然后派猛将苏定方领二百骑兵，隐蔽接近突厥大营。苏定方直扑颉利可汗牙帐，扫穴犁庭，然后唐军漫山遍野追杀突厥残兵。斩首万级，俘众十万，牛羊马达数十万。唐俭趁乱逃回唐营。颉利可汗率领万余残兵向北狂逃，在碛口（今内蒙古二连浩特市西南）被李勣截住杀散，无路可逃，只好向西投奔吐谷浑。突厥败军一路上凄凄惨惨，众叛亲离，又被大同道行军总管李道宗追击。颉利可汗连夜出逃，最终还是没有逃脱，被唐军捉获，解至京师。曾经横行一世的东突厥，就这样被唐朝一举灭亡。

李靖未经请命就率军队平了突厥大军，班师回朝后，李世民对他不仅没有加以责怪，反而还给他封官晋爵，赏赐食邑，又让他征伐吐谷浑，再次立下了赫赫战功。李世民暗度陈仓的心意也由此可见一斑。再者，颉利一战的捷报传来后，从李世民的言行上，也可以看出他真正的意图。当时，李世民大宴群臣，极为兴奋地对待臣们说："朕听说君主忧虑，大臣羞辱；君主羞辱，大臣节死。国家初始时，突厥强暴，太上皇害怕百姓受困扰，便向颉利可汗称臣。朕何尝不是为了这件事而痛心疾首，坐不安席，食不甘味，下决心要消灭匈奴。现在我们只动用一部分兵力，就可以做到无往不胜，使单于屈膝俯首称臣，雪洗了我们遭受的耻辱。"得意的表情，溢于言表。所以李靖之所以敢未经圣意便贸然出兵，也是因为多年陪伴在李世民左右，深解其心意的原因吧。李世民如此高深的心计，实在是令人叹服。

颉利可汗在求和时，李世民已经知道他虽受重创，但是没有覆灭。所以，李世民当然不想失去这个"一举可灭"的有利战机，以致养寇贻患。他只是巧妙地采取"阳为许和，阴实备战"的作战方针，因为战略方针发生转折，这次假和与三年前的真和的立足点和目标也是不一样的。上次是立足于战，寓不战于战之中；这次则是立足于打，力避不和，寓和于战之中。君在内,将在外,相机进取,默然配合,用"诈"取胜,通过"奇"奏效,不得不说是决胜于千里的奇诈之术。

就如前面所讲的,为了平定薛延陀部,贞观十三年(公元639年)十二月,在唐朝和薛延陀部之间曾经有过一次大规模的战争。交战之前,薛延陀的首领曾派使者到大唐,要求与唐和亲。等到战争结束后,使者才得以辞归。临走之前,李世民还对他说:"我已相约,你们与突厥以大漠为界,有相侵者,我则派兵讨伐。你们自恃强大,越过沙漠攻击突厥。李世勣所率兵才数千骑,你们已狼狈至此!归语可汗:凡举措利害,可善择其宜。"

贞观十六年(公元642年)九月,薛延陀真珠可汗派遣其叔父沙钵罗尼熟俟斤来唐朝请婚、献马。十月的时候,李世民就对侍臣说:"薛延陀屈强漠北,现在抵御他们有两个计策,苟非发兵殄灭之,则与之婚姻以抚之耳。二者哪个好点呢?"房玄龄回答说:"中国新定,兵凶战危,臣认为和亲便。"于是李世民采纳了他的意见。但当时却是事非得已,并不是出自真心实意,主要还是考虑到勇将契苾何力为对方所拘,担心他的安全问题。为了换取契苾何力,李世民只得假意答应联姻,决定用皇女新兴公主和亲。契苾何力被放回后,却是极力反对,他上言说:"薛延陀不可与婚。"李世民则认为既然已经许婚,就不可食言。契苾何力又说:"臣闻古有迎亲之礼,若敕夷男亲迎,虽不至京师,亦应至灵州。彼必不敢来,则绝之有名矣。夷男性刚戾,既不成婚,其下复携贰,不过一二年必病死,二子争立,则可以坐制之矣!"李世民听从了他的意见,将这个采纳为用兵之计。

哪里知道,真珠毗伽可汗得到亲自去迎亲的诏书后,竟然毫无怯意,反而是欣喜若狂。他的臣下劝他不要去,以免被大唐拘留。然而真珠毗伽可汗却是大喜过望,他对臣下说:"我本是铁勒小帅,天子立我为可汗,现在又把公主嫁给我,我将亲自迎亲到灵州,这才可以。"然而,薛延陀部族离灵州道路遥远,路途艰辛劳苦,又缺少水草,真珠毗伽可汗的人马出发后还没有行

第七章 跟李世民学器度——海纳百川,兼容并包

至一半的路途便实力大衰,到了约定的时候都还没有到达灵州。李世民遂以可汗迎亲"失期不至"为由,"下诏绝其婚姻"。那个时候,群臣中很多人都说:"国家既许其婚,受其聘币,不可失信戎狄,更生边患。"因此,李世民就向群臣辩驳说:"卿曹都知道古人而不知今。以前汉初匈奴强,中国弱,因此饰子女,用金絮作为饵,得事之宜。现在是中国强,戎狄弱,凭借我徒兵一千,就可以击胡骑数万。薛延陀匍匐稽颡的原因,惟我所欲,不敢骄慢者,以新为君长,杂姓非其种族,想要利用中国之势以威服之耳。彼同罗、仆骨、回纥等十余部,兵各数万,并力攻之,立可破灭,所以不敢发者,畏中国所立故也。今用女儿作为他的妻子,他就是我大国之婿,外姓人有谁敢不服!戎狄是人面兽心,只要有一点不得意,一定会反噬为害。现在我绝其婚,杀其礼,杂姓知道我弃之,不日将瓜剖之矣,卿曹第志之!"

李世民极力为他的赖婚诡辩,竟然污蔑"戎狄人面兽心,一旦微不得意,必反噬为害"。这种玩弄权术的欺诈做法,就连封建史家司马光都十分不屑,他说:"审知薛延陀不可妻,则初勿许其婚可也;既许之矣,乃复恃强弃信而绝之,虽灭薛延陀,犹可羞也。"凭借和亲之名,行诡诈之实。先是和他们讲和,然后又悔之。为了图谋于薛延陀,甚至不惜背弃自己一向津津乐道的信义二字。就因为是一国之君,可以翻手为云,覆手为雨。虽然最终靠一诈字,灭了薛延陀部,也很难引之为荣。因此可见李世民的仁义之念,只不过是他御国的工具而已,用则曲不离口,冠冕堂皇;不用则弃之不顾,不值一钱。

李世民通过面子上的大度让敌人亲敌,才得以成就自己最后的一统大业。

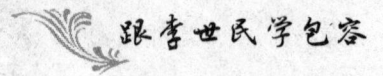

六、宽容大度容纳少数民族

李世民治理国家,向来都是以恩威并施著称。为让其压迫形式显得很缓和,李世民经常屡施恩德,少重威服。这个策略费力少而且还获效多,使得李世民每次都可以大尝甜头。于是,在平定边疆之后,对少数民族地区,他又同样地用上了这一治国之术,即所谓"爱之如一"、"绥之以德"。

李世民也是从群臣的争论中得出的"爱之如一"、"绥之以德"的思想。贞观四年(公元630年),在平定了之后东突厥后,其有十万之口的百姓归附唐廷。如何处置这些人口,就成为摆在李世民等人面前的一个极其重要而又很现实的问题。由于东突厥地处边塞,因而对其所采取措施的好与坏直接关系到唐政权的安全、稳固和统一。事关重大,李世民于是诏命群臣来讨论。多数朝臣建议"分其种落",将其迁徙至河南等地方,散居于州县与汉民杂居,"教之耕织",化胡虏为农民,"永离塞北之地"。这种做法实质上是将原有已趋于统一的突厥部众,拆散为各个互不统一的集团,迁徙内地州县,"变其风俗",化牧为农。这种硬性改变突厥生产方式和生活方式的方法,显然是与突厥人民的意愿相悖的,自然也不会受到他们的欢迎。强制同化,一定会招致怨恨,而不利于收拔其心。

因此,针对于这种做法,窦静等人就提出坚决反对的意见。他们指出,将突厥强迁到内地,迫使其改变他们的生活习惯,容易生变乱,有损无益。因而主张:"莫若因其破亡之余,施以望外之恩,假之王侯之号,妻以宗室之女,分其土地,析其部落,使其权弱势分,易为羁制,可使常为藩臣,永保边塞。"即仍然使其安居边塞,但要分散其部落,以弱其势,并妻

第七章 跟李世民学器度——海纳百川，兼容并包

以宗女，以固其心。中书令温彦博也反对徙突厥于山东、河南、河北一带，认为这样做是"乖违物性，非所以存养"之道。他主张仿照"汉建武时，置降匈奴于五原塞下"，把他们安置在河南一带的富硕之地，"全其部落，得为捍蔽，又不离其土俗，因而抚之，一则实空虚之地，二则示无猜之心，是含育之道也"。秘书监魏征却坚决反对这一主张，他指出戎狄"弱则请服，强则叛乱，固其常性。今降者众近十万，数年之后，蕃息倍多，必为腹心之疾"，因此他主张"宜纵之使还故土，不可留之中国"。

温彦博始终坚持己见，辩驳道："天子之于万物也，天覆地载，有归我者，则必养之。今突厥破除，余落归附，陛下不加怜愍，弃而不纳，非天地之道，阻四夷之意。臣愚甚谓不可，宜处之河南。"针对魏征所担忧的恐为心腹之患，他指出，如果可以加以德怀，必能使其生归心，而"终无叛逆"。他说："今突厥穷来归我，奈何弃之而不受乎！孔子曰：'有教无类。'若救其死亡，授与他们以生业，教他们以礼义，数年之后，都是吾民。选其酋长，使人宿卫，畏威怀德，何后患之有！"温彦博的主张是对突厥"授以生业，教之礼义"，是建立在对突厥民族的信任基础之上的。他提出的"全其部落"、"顺其土俗"的政策，充分尊重了突厥族人民的生产方式和生活习惯。这种政策的核心特点是采取德化措施，使突厥能够"畏威怀德"。而魏征的主张则是建立在突厥"非我族类"的基础之上的。他认为突厥族不是用德化政策就能改变其性质的，蕃息数年之后，仍将会成为后患。

温彦博的主张恰合李世民一向极力倡导的以仁治国之道，于是在权衡利弊之后，李世民最终还是选择了温彦博的安边之策。对此，李世民心里自然也有其打算。"授以生业，教之礼义"，如果真的能够得其畏威怀德，众心归附，又怎么会有边疆不安的问题呢？此省力节神之举，他又是何乐而不为呢？授业布礼，以使其归心的怀柔政策就这样得以

展开了。

同时，李世民也意识到，汉族百姓需要得其众心归附，少数民族百姓也是因为其所处位置的特殊性，不仅应该同样收附其心，而且在汉夷之间的待遇上，更不能有所偏差，否则一定会遭怨恨。夷族之众既已来朝，就应该同为大唐百姓。爱夷民与爱汉民，对李唐江山的巩固是殊途同归。这样的话，不如"爱之如一"，让他们不生偏怨，一同向朝廷臣服，心甘情愿为朝廷效力。在"爱之如一"的问题上，李世民还曾说过："夷狄亦人耳，其情与中夏不殊。人主患德泽不加，不必猜忌异类。盖德泽洽，则四夷可使如一家；猜忌多，则骨肉不免为仇敌。"既然夷狄与汉人是一样的，其情感也都是可感化的，那么"爱之如一"，用爱使其大沐朝廷恩泽，自当成为统驭回族百姓的上上之策了。

"爱之如一"、"绥之以德"首先是从少数民族的将领开始的。众多的少数民族归附后，李世民从中挑选了部分代表人物担任朝廷的文官武职。由于少数民族多为勇猛之辈，因而来自少数名族的武官竟几乎占了朝廷武官的半数。对夷将也同样任人唯贤，就一定会使百姓间接感受到李世民对整个少数民族的团结的重视，又可以通过笼络其部族首领之心，利用他们的影响力来顺服其民。李世民的这一政策很快就收到了极好的效果。比如李世民运用"爱之如一"的权谋之术，对待番将李思摩"绥之以德"，竟然让李思摩对天而誓："世世为国一犬，守吠天子北门"。因此，我们便不难想见德服政策的巨大功效了。

同时，这种"爱之如一"、"绥之以德"的笼络政策对其他少数民族也产生了极其有利的影响。唐初时，一些少数民族将领就曾认为突厥"岁犯中国，杀人以千百计"，因此，唐室对他们予以平定后，一定会施以报复，"当靡为奴婢，以赐中国之人"。但万万没有想到的是，李世民对他们却"反养之如子"，将之与汉人同样对待，将他们安置在内地的肥沃农耕

第七章 跟李世民学器度——海纳百川，兼容并包

地带，使之"年谷屡登，众种增多，畜牧蕃息；缯絮无乏，咸弃其毡裘；菽粟有余，靡资于狐兔。"因此，他们不由接连感叹，"其恩德至矣"。这样非常有利于其他少数民族的归服。贞观四年（公元630年）八月，突厥欲谷设自动归附就是其中一例："欲谷设，突利之弟也。颉利败，欲谷设奔高昌，闻突利为唐所礼，遂来降。"回纥等族看到李世民礼待降酋的方法，也都不胜羡慕之至，纷纷请求："生荒陋地，归身圣化，天至尊赐官爵，与为百姓，依唐若父母然。"李世民的"绥之以德"的政策，可以说是事半功倍，大收其效。

"爱之如一"，更重要的一点则体现在对百姓的仁爱之上。对于这一点，李世民曾说："所有部落爱之如一，与我百姓不异。"他基本上可以做到将汉夷之民同样看待，对汉夷百姓予以同样照顾。

"爱之如一"，就必须得尊重少数民族的生活习惯。因此，李世民采用了"全其部落，不离土俗"的改革，遵从少数民族的生活方式，从而也很自然地得到了各少数民族的拥护。后来每次想到这一点，李世民还会得意地说"朕于戎、狄所以能取古人所不能取，臣古人所不能臣者，皆顺众人之所欲故也"，"因人之心，顺地之势，与民同利故也"。

"爱之如一"，还体现在帮助少数民族发展生产上。授以生业，对其中变游牧为农的人，资助农业、耕牛等物品，帮助其发展生产，从整体上提高其生产力水平，使他们得以安居乐业，康乐有余。少数民族本来生产方式就较为落后，一朝富足之后，见利思义，自然也会让民心大安。

同时，李世民也会对汉夷被俘百姓予以同样的救济。仿照"汉建武时，置降匈奴于五原塞下"，把他们安置在河南一带的朔方地带，"全其部落，得为捍蔽，又不离其土俗，因而抚之，一则实空虚之地，二则示无猜之心，是含育之道也"。隋末丧乱，边境有很多的百姓多为少数民族贵族俘掠。唐初的薛延陀归附之后，李世民就派遣使节到燕然都护府，通知其属下

的都督,"访求没落之人,赎以货财,给粮递还本贯";另外,既然薛延陀已经投降了,曾被其奴役的室韦、乌罗护、靺鞨等三部劳动人民"亦令赎还"。就这样,被薛延陀俘掠为奴的汉、夷各族人民,李世民没有厚此薄彼,而是一视同仁,都用以钱财赎还。而且,在赎取汉夷人民的人身自由之后,还对他们接济粮食,对汉族"给粮递还本贯",对夷族也发放救济粮。此外,对归附来的汉夷人民都有免服徭役的同等优待。例如汉民"没落外蕃、投化,给复十年","四夷降户,附从宽乡,给复十年"。这样做,就大大笼络了少数民族百姓之心。

另外,在对少数民族的用兵上,李世民也可以将上层贵族分子与百姓区别开来。他出兵主要是对准少数民族上层贵族统治者。就好像李世民平定东突厥,主要是因为以颉利可汗为首的东突厥贵族"自恃强盛,抄掠中国"。所以李世民就曾经说:"前破突厥,只为颉利一人为百姓之害,所以废而黜之。"同时,李世民对少数民族用兵还绝不"贪其土地、利其人马",不会采取掠夺的方式,并提出了"抚九族以仁"的政策。对于在战争中掠夺财物的,不管他过去的功劳是怎么样的,都要作出很严肃的处理。如侯君集在平定高昌时是军事统帅,久有大功于朝廷。但他在"初破高昌,曾未奏请,辄配设无罪人,又私取宝物。将士知之,亦竞来盗窃",回京师后,"有司请推其罪,诏下狱"。李世民还说过:"我今为天下主,无问中国及四夷,皆养活之。不安者,我必令安;不乐者,我必令乐。"为有效贯彻德化政策,李世民还遵从"安民之道,当以察吏除暴为先"的原则,很慎重地选边吏就职。

贞观元年(公元627年),李世民任命李大亮为凉州都督。李大亮对待散处伊吾的突厥余部和其他部族"绥集之,多所降附"。贞观四年(公元630年),朔州刺史张俭招集思结族饥民,凡是来者都会妥善安排,不来者听其自便,并"不禁"分处两地的"亲属私相往还",对待境内的夷族可以

第七章 跟李世民学器度——海纳百川,兼容并包

说是厚道宽仁了。贞观十六年(公元642年),李世民任命凉州都督郭孝恪为安西都护府都护,郭孝恪对杂居高昌的旧民与镇兵及谪徙者"推诚抚御,咸得其欢心"。贞观二十一年(公元647年),李世民建立了燕然都护府,命扬州都督府司马李素立为都护,"素立抚以恩信,夷落怀之,共率马牛为献;素立唯受其酒一杯,余悉还之"。

对于抚边之吏,只要是称职的人,其任期则长。例如大将李勣,任命于并州大都督任内,"令行禁止,号为称职","塞坦安静","民夷怀服"。因此,李世民让其一直任职长达十六年之久。而对于那些不称职的官吏,李世民就会很坚决地予以撤换。遂安公李寿,任职于交州之际,大肆贪污受贿,使民生怨。而交州"去朝廷远",地处边陲之境,华夷错居,吏治不善,一定会影响到怀柔政策的贯彻。于是李世民不顾触犯法度者是宗室之亲,而毅然任命原瀛州刺史卢祖尚前往"镇抚"。

正是因为李世民大力推行的"爱之如一"的政策,最终使得四夷大小君长争遣使人献见,道路不绝。每元正朝贺,常数百千人。李世民明施恩德,暗谋权术,充分利用了少数民族为其安边守塞,也使之自甘俯首,为李唐王室,"也作藩屏,长保边塞"。以德怀夷的权谋政策,又一次使其施小揽大,大尝甜头。对此,《新库书》评论说:"李世民初兴,尝用突厥矣,不胜其暴,卒缚而臣之……夫用之以权,制之以谋,惟李世民能之。"这句评论可谓是一针见血,直击要害。

李世民拥有海纳百川的胸襟,妥善解决了多民族融合的统一国家在民族融合过程中出现的种种矛盾和问题,成就了一统天下的多民族朝代。这也为后世在解决民族矛盾的过程中提供了一种可行的思路。